JN313580

大阪大学総合学術博物館叢書 ◆ 8

ものづくり上方"酒"ばなし
──先駆・革新の系譜と大阪高等工業学校醸造科──

松永 和浩 編著

はじめに

松永和浩

　酒は古来より人々の関係性を様々に彩ってきました。厳かな神事、冠婚葬祭から酒宴、果ては乱痴気騒ぎに至るまで、その魅惑の液体は、時に社会の潤滑油となり、時に悲喜劇の種となりました。後醍醐天皇の"無礼講"のように、歴史の重大局面を演出したこともありました。

　日本列島の酒の歴史において、上方および大阪大学は生産・技術の発展に重要な役割を果たしてきました。それだけにとどまらず、社会・文化にまで幅広く影響を与えて来ました。それを特徴づけるのが、先駆性・革新性です。

　伊丹・池田ではいち早く清酒の大量生産に成功して江戸で人気を博し、経済的繁栄を背景に四条派の画家・呉春（1752-1811）などの文人墨客を集めました。江戸後期になると、寒造りを確立した灘酒が、銘水宮水も手伝って、江戸の市場を席巻しました。

　西洋文明が押し寄せた近代、日本人の手による初の近代的ビール工場が明治24年（1891）に吹田村に完成し（現アサヒビール吹田工場）、明治末〜大正にかけて斬新な広告で「ワイン」をヒットさせた寿屋（現サントリー）が、大正13年（1924）に山崎（島本町）でウイスキー製造を日本で初めて開始するなど、洋酒の製造・普及をリードしました。

　この上方の地で明治30年（1897）、国内初の醸造科が大阪工業学校（のち大阪高等工業学校、大阪大学大学院工学研究科の前身）に誕生しました。大阪高工醸造科には全国から造り酒屋の子弟が入学し、白麹を発見し本格焼酎の品質を飛躍的に向上させた河内源一郎（1883〜1948）、吟醸酒で秋田を銘醸地に押し上げた花岡正庸（1883〜1953）、スコッチ・ウイスキーの製法を初めて日本に伝えた竹鶴政孝（1894〜1979）（ニッカウヰスキー創業者）など、酒造業の近代化に貢献する人材を多数輩出しました。さらに大阪帝国大学理学部卒の佐治敬三（1919〜99）（元サントリー会長）も、斯界に止まらず文化事業でも多大な功績を残しました。

　大阪大学総合学術博物館では創立10周年を記念し、第15回企画展「ものづくり　上方"酒"ばなし―先駆・革新の系譜と大阪高工醸造科―」（2012年10月27日〜2013年1月19日）を開催しました。本展覧会は、日本の酒造りを牽引してきた上方および大阪大学の位置について、技術・社会・文化など多方面にわたって、各種資料に基づき紹介しました。

　本書では主要な展示資料を写真掲載し、展示では十分示し得なかった詳細な解説を付しました。展覧会がその時にしか味わえない新鮮な日本酒の生原酒であるとすれば、本書はお好みの熟成期間でいつでもご堪能いただけるワインとでもいえましょうか。ただしどちらも熱意による加熱処理済み、減ることはありませんし、酔いつぶれる危険もほとんどないはずですので、存分にご賞翫いただければ幸いです。

　なお本書作成にあたり、大阪高工醸造科の流れを汲む大阪大学工学部醱酵工学科出身の大嶋泰治（大阪大学名誉教授）・卜部格（同）・原島俊（大阪大学大学院工学研究科教授）・溝口晴彦（菊正宗酒造総合研究所長）各氏には、とりわけ貴重なご助言と多大なご協力を賜りましたことを付言し、謝意を表します。

目　次

はじめに　1

図版……………………………………………………………………………………3

Ⅰ　古代・中世の酒と人々　松永和浩……………………………………………35
　1．古代日本の酒と人々　36
　2．中世日本の酒と人々　37
　3．中世的「酒」から近世的「酒」へ　41
　コラム　古代・中世の酒杯　髙橋照彦　43
　コラム　飲酒と戒律　芳澤　元　44

Ⅱ　江戸を席巻する「下り酒」　久野　洋・松永和浩……………………………45
　1．「下り酒」の銘醸地・伊丹　46
　2．池田酒の盛衰　49
　3．灘の生一本　51
　コラム　待兼山と『池田酒史』　本井優太郎　56

Ⅲ　洋酒製造・普及の最前線　久野　洋・伊藤　謙……………………………57
　1．巨大ビール工場の出現―吹田村醸造所―　58
　2．「ポートワイン」の普及―鳥井信治郎の販売戦略―　62
　コラム　薬酒の世界　伊藤　謙　68

Ⅳ　ジャパニーズ・ウイスキーの先駆者　松永和浩……………………………69
　1．「舶来」・「偽物」の時代　70
　2．最初の事業家・鳥井信治郎　71
　3．最初の技術者・竹鶴政孝　75

Ⅴ　大阪高工醸造科スピリッツ　松永和浩……………………………………79
　1．坪井仙太郎―大阪高工醸造科初代教授　80　　2．西脇安吉―醸造科存続の危機を救う　81
　3．岩井喜一郎―「竹鶴ノート」を受け取った、第1回卒業生　82
　4．本坊蔵吉―焼酎ブームを牽引　83　　5．河内源一郎―焼酎をハイカラにした男　83
　6．北原覚雄―火落菌を解明　84　　7．江田鎌治郎―速醸酛の発明者　85
　8．田中公一―アル添酒に初成功　86　　9．木暮保五郎―灘の丹波流生酛を継承　86
　10．森　太郎―『灘の酒用語集』を編纂　87　　11．花岡正庸―秋田吟醸酒の父　88
　12．佐藤卯三郎―吟醸酒を研究・実践　90
　13．小穴富司雄―最古の「きょうかい酵母」を分離　91
　14．小玉確治―冷酒の先覚者・小玉健吉―酵母研究の権威　92
　15．古川　董―濃厚多酸酒と古酒を追求　93　　16．長谷川勘三―醸造機械から伝統回帰へ　94

参考文献　95

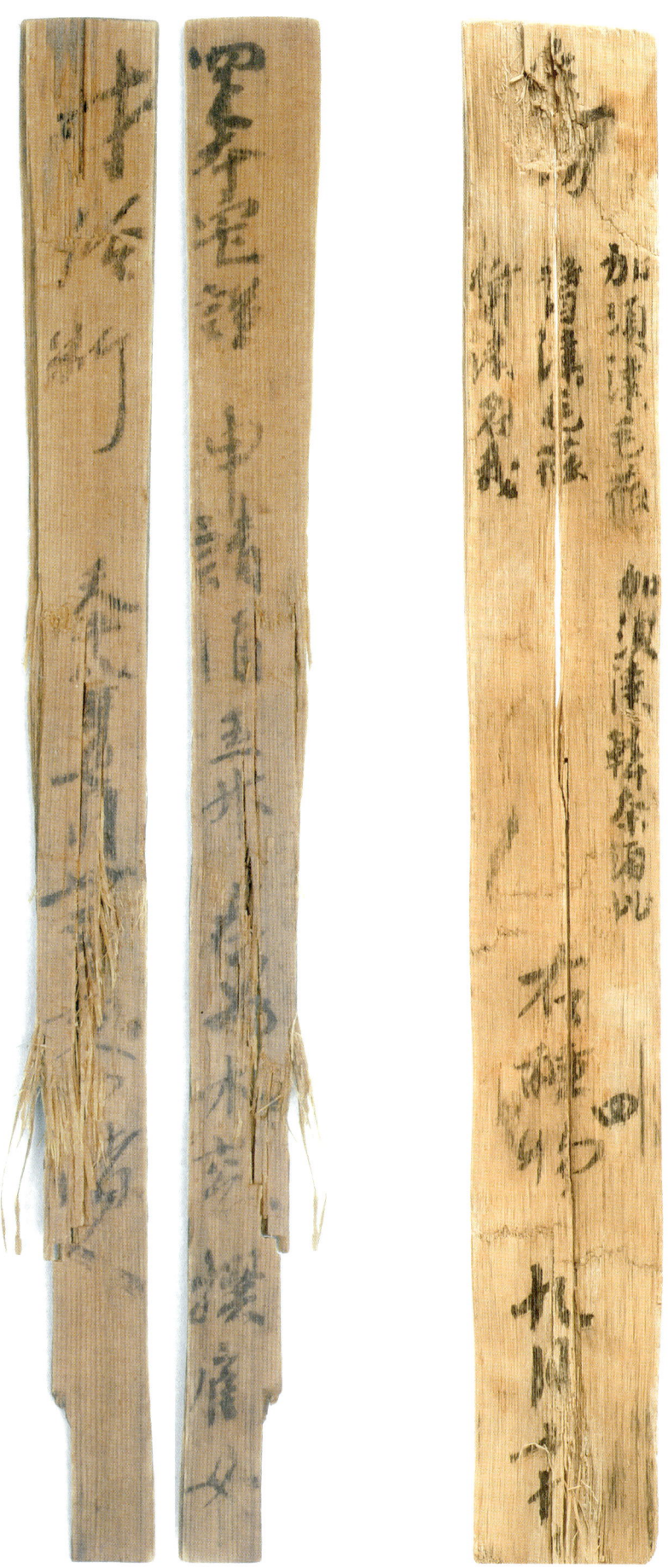

平城京木簡（左：二条大路木簡、右：長屋王家木簡）　奈良時代（奈良文化財研究所所蔵）
左は天平8年（736）7月25日、岡本宅から酒五升を申請したことに関するもの。右は粕漬けや醤漬けの野菜の進上状。

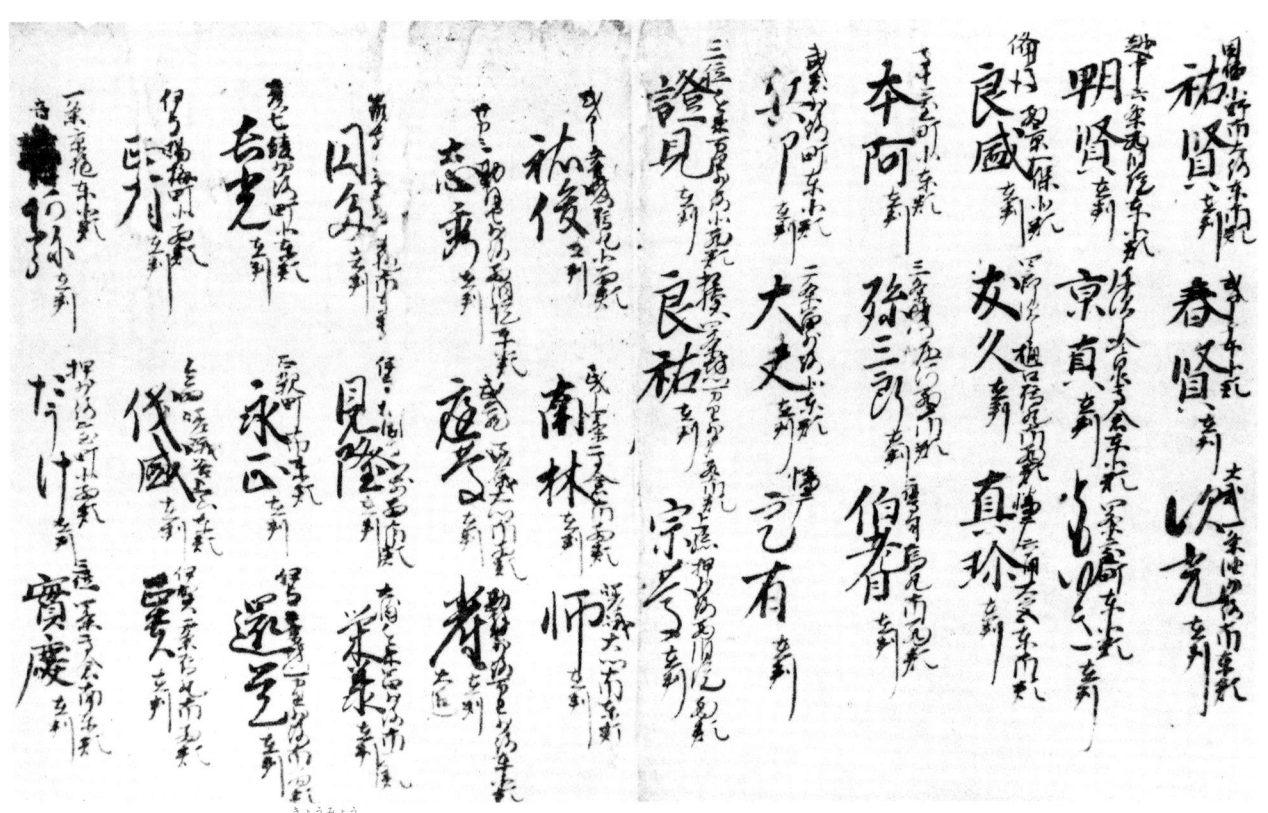

酒屋交名（きょうみょう）（「北野神社文書」） 応永32年（1426）・33年（北野天満宮所蔵）

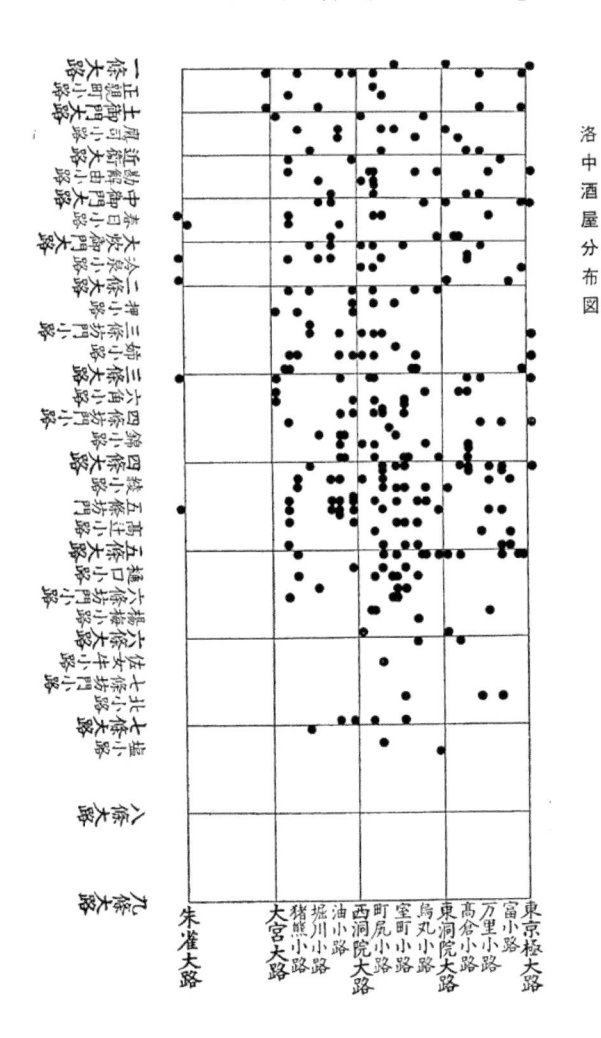

洛中酒屋分布図

室町時代中期、15世紀に作成された京都の酒屋リスト。これによると洛中では西京、洛外では河東（賀茂川東岸）を中心に、342軒の酒屋がひしめき合っていたことが分かる。左の分布図は小野晃嗣氏作成（1928）。

「楊梅室町西南頬之倉」の遺構・遺物（京都市考古資料館所蔵）
京都市下京区の旧尚徳中学校から出土した室町時代の酒屋跡。遺構の右側中央のたこ焼き器のような無数のくぼみは甕を据え付けた跡。遺物の甕の底部は人工的に穿たれており、応永26年（1419）の足利義持の麹製造禁止令にともなう麹室破壊の痕跡と考えられている。

『酒飯論絵巻』　紙本著色　室町時代（個人蔵）
16世紀に作成された絵巻物で、数多くの模本がある。写真は上戸の造酒正糟屋朝臣長持（みきのかみ）が酒の徳を語る第二段の一場面。上半身をはだけて踊る人物や、庭に吐瀉する人物が描かれ、当時の酒宴の様子を伝える。

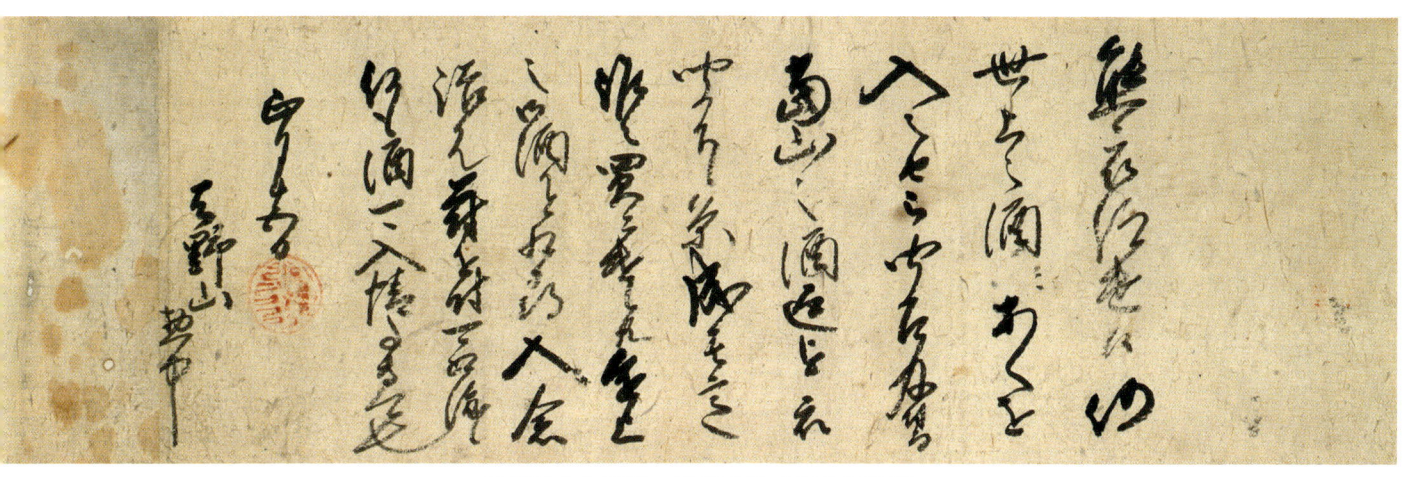

豊臣秀吉朱印状　織豊時代（金剛寺所蔵）

〔翻刻〕

態被仰遣候、仍
世上之酒ニあくを
入之由、被聞召及付而、
当山之酒造旨、被
聞召候条、成其意、
誰々買ニ遣候共、進上
之御酒かと相尋、入念
詰候て、符を付、可相渡候、
何も酒可入情事専一候也、

　　正月十五日　㊞朱印

　　　天野山
　　　　惣中

〔釈文〕

わざと仰せ遣され候、よって
世上の酒に「あく」（木灰）を
入るるの由、聞こし召し及ばるに付きて、
当山の酒造の旨、
聞し召され候条、その意を成す、
誰々買に遣し候とも、進上
の御酒かと相尋ね、入念に
詰め候て、符を付け、相渡すべく候、
何も酒情を入るべき事専一に候なり、

　　正月十五日　㊞朱印

　　　天野山
　　　　惣中

天野山金剛寺が醸造する「僧坊酒」の天野酒は室町時代以来、人気を誇った。天下人となった秀吉も天野酒を賞讃したひとりで、ここでは世間で行われている「あく」（木灰）の使用がないかを心配し、酒を求める者に「進上の御酒」つまり秀吉への進上物か確認して入念に詰めるよう指示している。

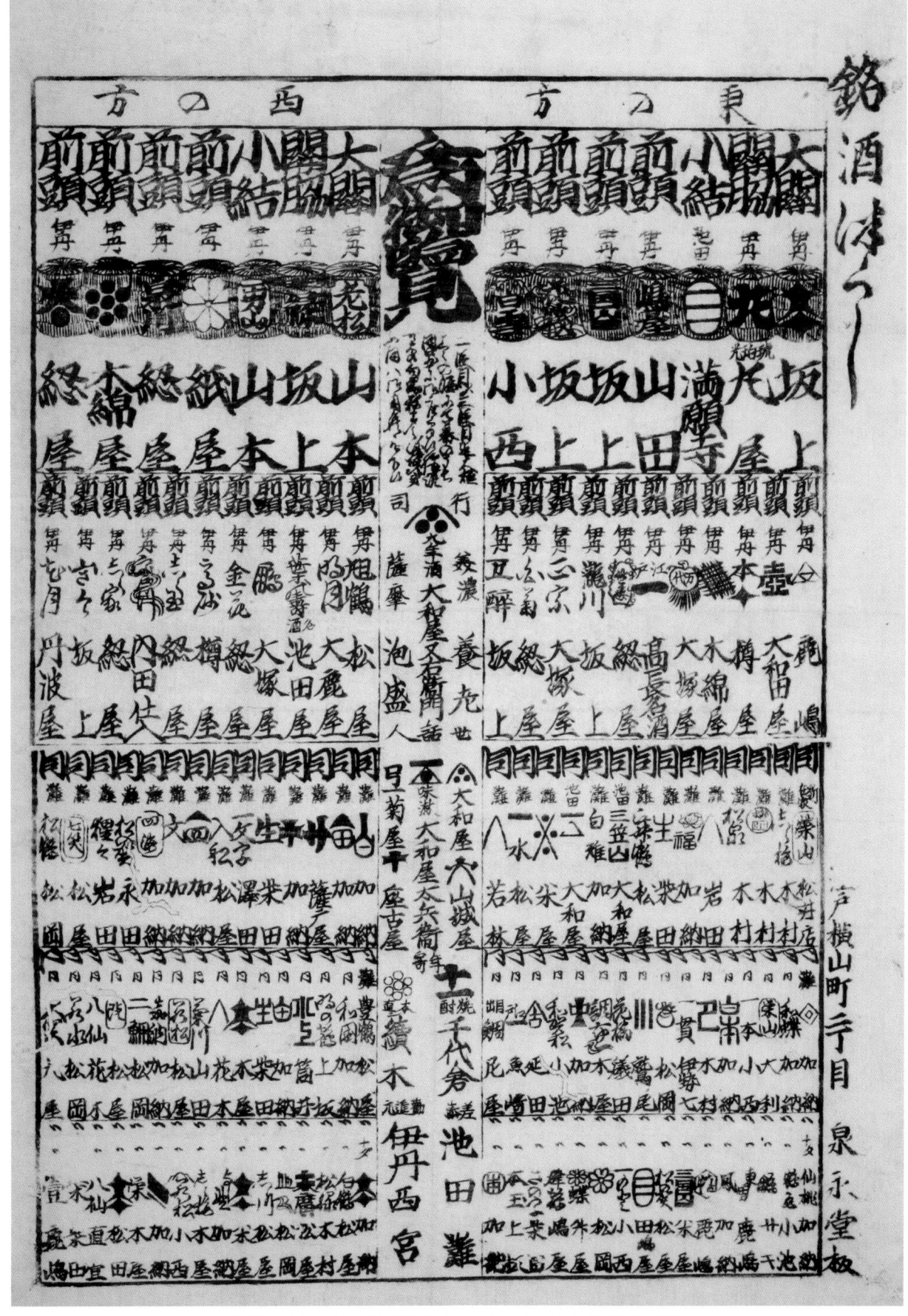

銘酒づくし　江戸時代後期（ケンショク「食」資料室所蔵）

全国の銘酒の番付。東の「剣菱」、西の「老松」の両大関を筆頭に、上位は伊丹によって占められ、一部に池田、下位に灘が食い込む。銘柄の意匠も描かれ、現在も続く酒屋・銘柄がいくつか見受けられる点が興味深い。

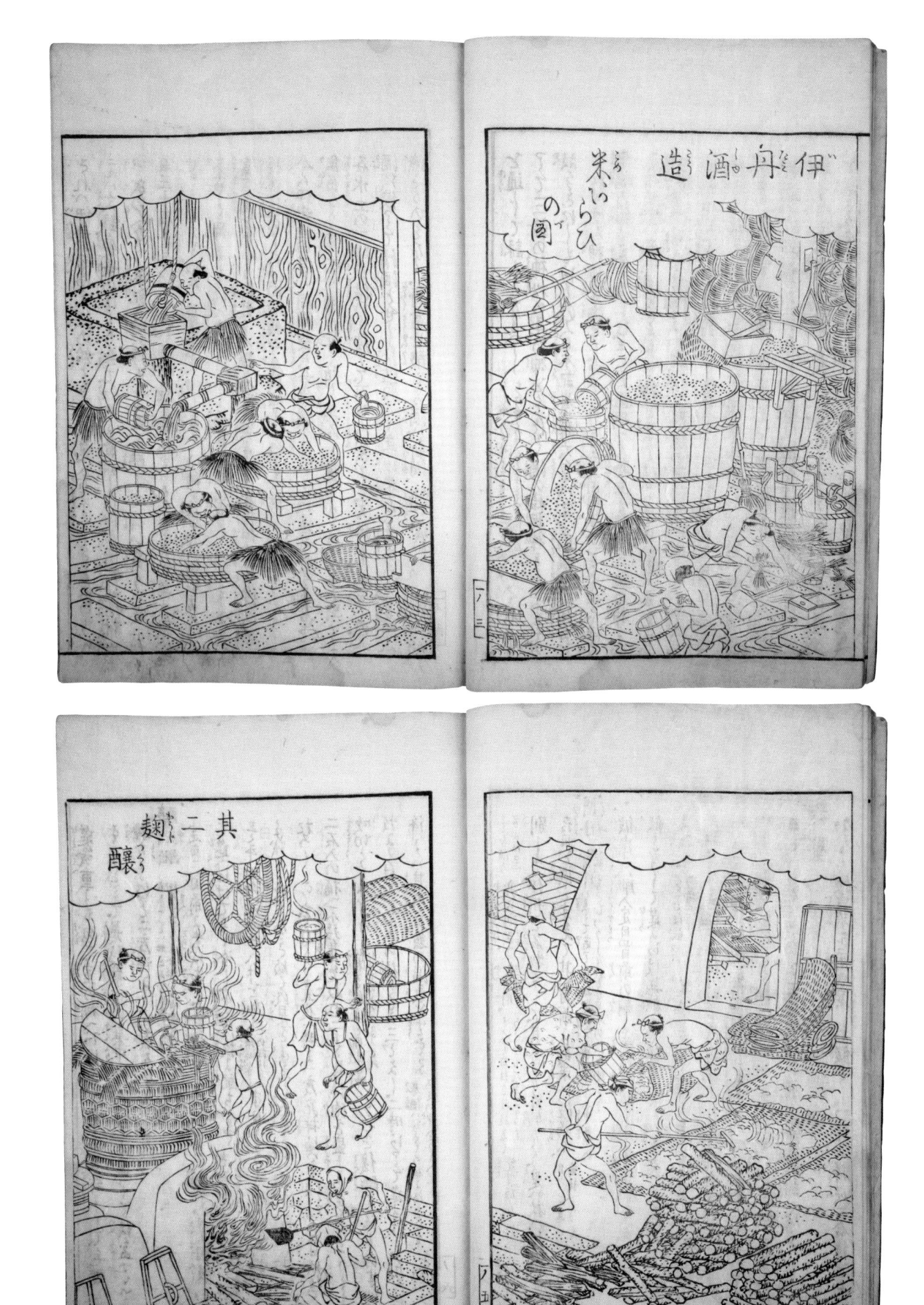

『日本山海名産図会』(蔀関月画) 寛政11年(1799)刊(ケンショク「食」資料室所蔵)
「伊丹酒造」の工程を挿絵で紹介。上段は「米あらひ」(洗米)、下段は「麹醸」(製麹)。全工程はⅡ章46・47頁参照。伊丹の酒造りが全国で参考にされたことが分かる。

聖賢扇（中井履軒）　江戸後期
（懐徳堂文庫所蔵）
中井履軒が扇面の表に歴代の聖賢や学者などの名を朱筆し、裏面にはこれらの人々を酒にたとえて面白く評を加えたもの。中国の孔子・孟子は「伊丹極上御膳酒」、王陽明（陽明学）は「贋伊丹酒」とされ、伊丹酒の世評もうかがうことができる。

『大日本物産図会』(三代目歌川広重) 明治10年(1877)(ケンショク「食」資料室所蔵)
「摂津国伊丹酒造之図」(上段)・「同新酒荷出之図」(下段)。前者は『日本山海名産図会』(9頁)の構図を踏襲し、伊丹を清酒の発祥地とする伝承を書き記す。

葛野宜春斎　菰樽「李白」
江戸時代後期
（池田市立歴史民俗資料館所蔵）

「伊丹莚包の印」「池田薦包の印」
（『日本山海名産図会』寛政11年（1799）刊）
（ケンショク「食」資料室所蔵）

葛野宜春斎は狩野派の勝部如春斎に師事した、江戸時代後期の池田を代表する画家。山城屋次郎兵衛を通称とする酒造家でもある。宜春斎が描いた「李白」をはじめ、伊丹酒・池田酒の銘柄の印が、『日本山海名産図会』に残る。

池田最後の桶・樽職人、武呂栄氏（池田市立歴史民俗資料館提供）
武呂栄氏（1981年没）は池田・伊丹の酒造用仕込み桶を中心に桶・樽を製作してきた職人。液体を容れる桶・樽づくりには高度な技術が要求され、100種類にも及ぶ道具を使い分けた。

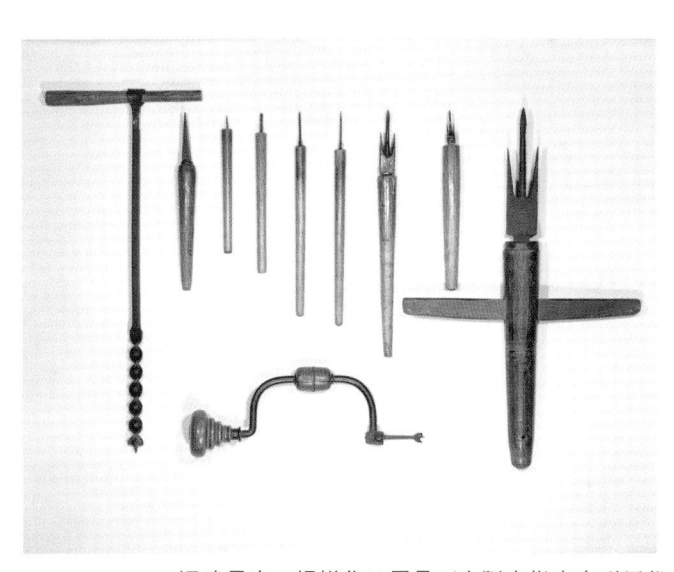

旧武呂家　桶樽作り用具（大阪府指定有形民俗文化財・池田市立歴史民俗資料館所蔵）

14

呉春「柳舟図屏風」六曲一双　絹本着色　各162.8×366.6　落款「呉春写」印章「呉春」・「伯望」（白文連印）　天明年間（1781～88）（集雅堂所蔵）

酒の銘柄に名を残す呉春は与謝蕪村、円山応挙に学んで「四条派」を開いた著名な画人である。池田時代（天明期1781～1788）の作とされる本図は、漁者・樵者が仕事にむかう早朝、帰宅する夕刻の柳堤の情景をしなやかな筆致で抒情的に描く。

（袴田　舞）

「渋谷ビール」ラベル
明治5年（1872）発売

ビール事業草創期の大阪で製造されたビールラベル（「キマルビール」は灘）。「渋谷ビール」は渋谷庄三郎が堂島（大阪市北区）で、日本人として初めて製造・販売したビール。その他は「渋谷ビール」醸造主任の金澤嘉蔵が醸造に関わった、上面発酵方式による醸造。

「浪花ビール」ラベル
明治14年（1881）発売

「大阪ビール」ラベル
明治15年（1882）発売

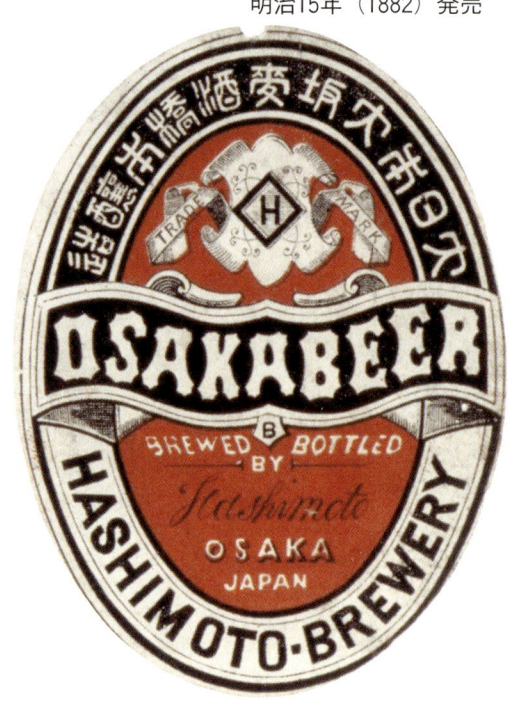

「エビスビール」ラベル
明治17年（1884）発売

「キマルビール」ラベル

（いずれもアサヒビール所蔵）

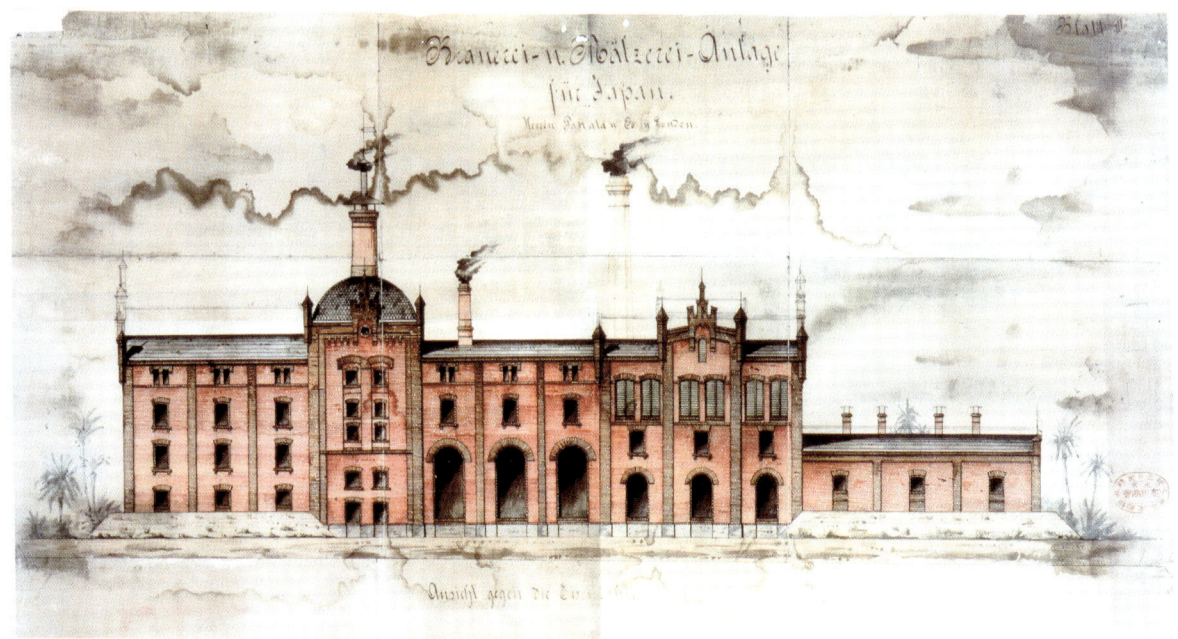

「大阪吹田村醸造場之図」(『Asahi Beer』)(上)
醸造所基本設計書　ゲルマニア社　明治23年(1890)(下)(いずれもアサヒビール所蔵)

明治24年(1891)、吹田村に当時最新式の近代的ビール工場(現アサヒビール吹田工場)が竣工した。基本設計はドイツのゲルマニア社、実施設計は妻木頼黄、施主は大阪麦酒。巨大資本により冷蔵装置を備え、現在の主流である下面発酵方式で製造した。設計書は重要科学技術史資料。

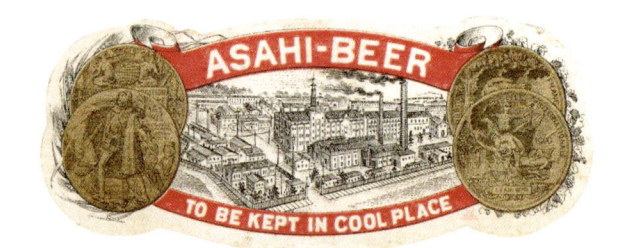

「アサヒビール」「ニシキビール」ラベル　明治25（1892）・26年発売（アサヒビール所蔵）
吹田村醸造所で製造されたビール。「アサヒビール」の銘柄は、道修町（大阪市中央区）の小西儀助商店（現コニシ）から譲り受けた。

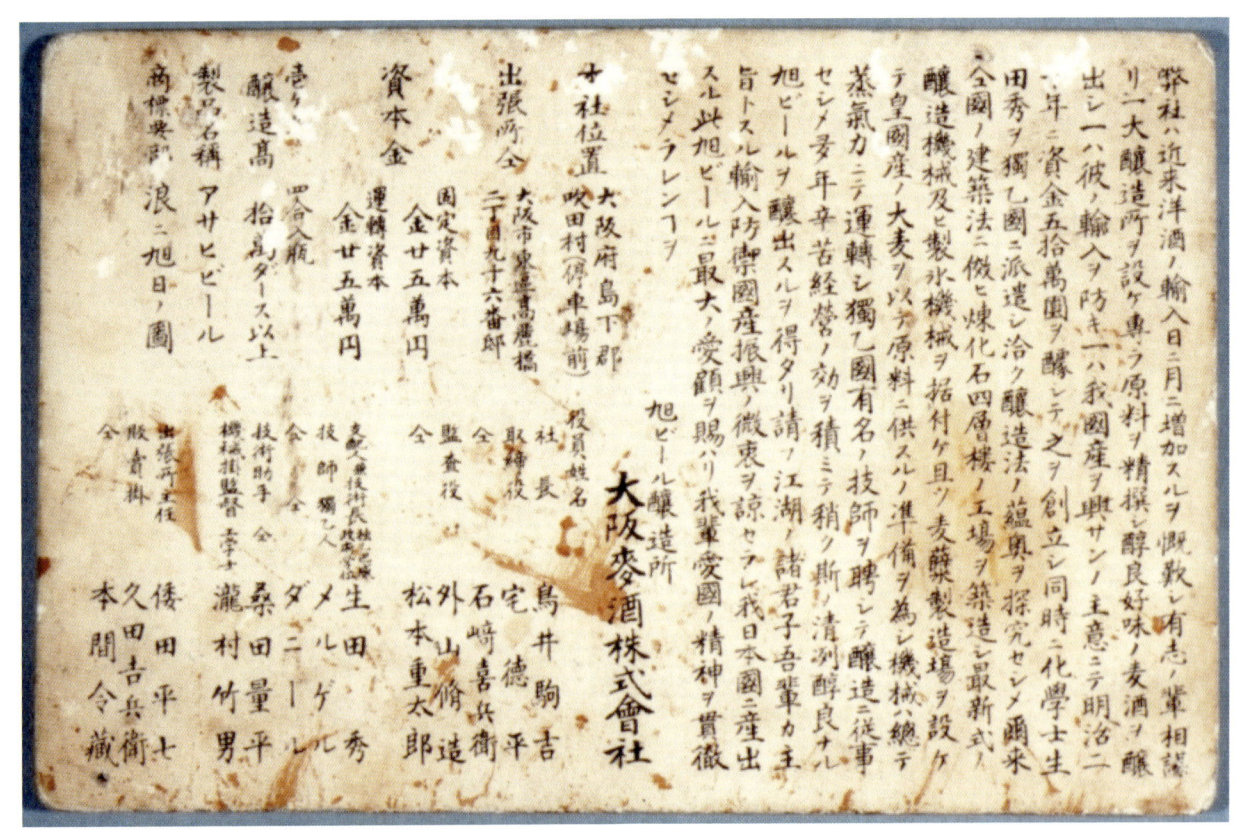

旭ビール醸造所大阪麦酒株式会社創立案内　明治26年（1893）（アサヒビール所蔵）
明治22年（1889）に堺の酒造家鳥井駒吉を中心に設立された大阪麦酒は、同26年に資本金50万円で株式会社となった。この頃からビール業界は大企業の過当競争の時代に入る。

天の岩戸引札（中井芳瀧画）　明治25年（1892）（アサヒビール所蔵）
中井芳瀧は江戸後期の浮世絵師歌川国芳の流れを汲む。明治17年に堺に移住し、大阪麦酒時代の各種引札・ポスターを手がけた。

鳥井本店醸造・大阪麦酒会社引札　明治20〜30年（1887〜97）代（アサヒビール所蔵）
ビールと日本酒が描かれた珍しい引札。大阪麦酒社長の鳥井駒吉が、「春駒」を醸造する堺の酒造家出身であったことによる。

アサヒビール販売木製看板（アサヒビール所蔵）
ビールの特約販売店に配られた看板。右端に「各国大博覧会優等賞牌受領」とある。

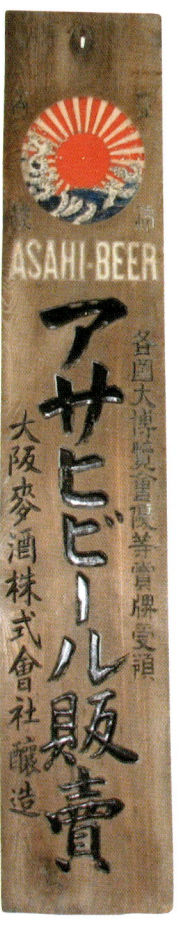

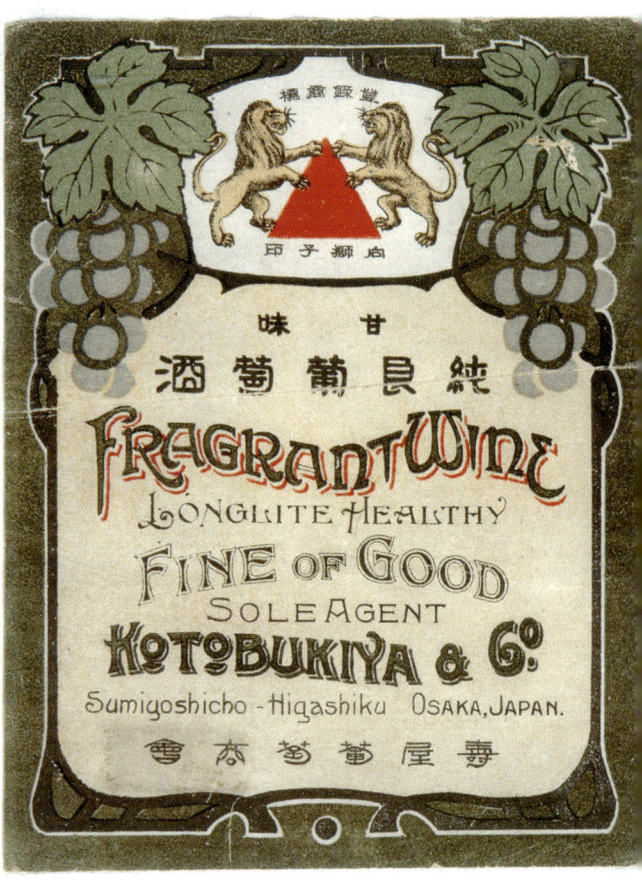

鳥井商店創業期の葡萄酒ラベル　明治時代末期（サントリー提供）

鳥井商店（現サントリー）は明治32年（1899）に鳥井信治郎が設立した。スペイン産ワインをベースとする本格的な葡萄酒を製造・販売した。

「赤玉ポートワイン」の美人ヌードポスター　大正11年（1922）（サントリー提供）

日本初のヌードポスター。モデルは松島恵美子。企画は森永製菓から引き抜かれた片岡敏郎擁する寿屋宣伝部。社長の鳥井信治郎はワインの赤色を再現するのにこだわり抜いた。

操業開始当時の山崎蒸留所全景　昭和4年（1929）（サントリー提供）

山崎蒸留所内：①原料のゴールデンメロン種の大麦、②昭和8年改造の乾燥棟、発芽室、③糖化槽（手前）と発酵タンク、④蒸留釜、⑤原酒樽貯蔵庫、⑥瓶詰・ラベル貼り　昭和4年（1929）（②を除く）（サントリー提供）

寿屋山崎蒸留所（島本町）は、大正13年（1924）に竣工した日本初の本格ウイスキー蒸留所。山崎は良質の地下水、湿潤な気候、交通至便で、ウイスキー製造に適した地。貯蔵を要するウイスキーはなかなか出荷されず、近隣住民は工場には「ウスケ」という大麦を食う化物が住んでいると噂したという。ウイスキーの工程は②発芽、乾燥、③糖化、濾過、発酵、④蒸留、⑤熟成、混和（バッティング、ブレンディング）、⑥瓶詰・出荷。

① ② ③ ④ ⑤ ⑥

白札発売時の新聞広告第一弾　昭和4年
(1929)（サントリー提供）

昭和4年（1929）、国産初のウイスキー「サントリー白札」発売。名前の由来は「赤玉」（太陽）の「サン」と社長の姓。記念写真には初代工場長の竹鶴政孝も写る（前から3列目中央）。

国産第一号ウイスキー白札発売を記念して　昭和4年（1929）
（サントリー提供）

サントリーウイスキー12年もの角瓶　亀甲型
昭和12年（1937）発売（サントリー所蔵）
発売当初のサントリーウイスキーは「焦げ臭い」などといわれ、売れ行きは芳しくなかった。やがて原酒の熟成が進み、ついに「角瓶」が好評を博した。

アンクル・トリス四態（柳原良平）
（サントリー提供）
昭和30年代から寿屋のテレビ広告に登場したキャラクター。戦後復興から高度経済成長を支えた世のサラリーマンの代弁者として親しまれた。

「人間らしくやりたいナ」（開高健）　昭和36年（1961）（サントリー提供）

「トリスを飲んでハワイへ行こう！」（山口瞳）　昭和36年（1961）（サントリー提供）
開高健は芥川賞、山口瞳は直木賞をのちに受賞した小説家。当時の寿屋宣伝部は遊び心と自由な気風に溢れ、数々の名コピーを生み出した。

『洋酒天国』 洋酒天国社
昭和31〜38年（1956〜63）
（サントリー所蔵）

寿屋のPR誌で『洋酒天国』全61号（写真は一部）、『洋酒マメ天国』全36号発刊。宣伝色を排し、知性と遊び心に富む内容で人気を博し、トリスバーには『洋酒天国』を求めてやってくる客も少なくなかった。

『洋酒マメ天国』 サントリー 昭和42〜44年（1967〜69）（ケンショク「食」資料室所蔵）

『ホームサイエンス』 食品科学研究所　昭和21（1946）〜22年
（ケンショク「食」資料室所蔵）

佐治敬三（元サントリー会長）が寿屋入社の条件として発刊した家庭向け科学啓蒙雑誌。表紙は小磯良平の画。佐治は大阪帝国大学理学部卒で、科学者を目指したこともある。高尚な内容は時代に合わず、赤字続きで8号で廃刊となった。

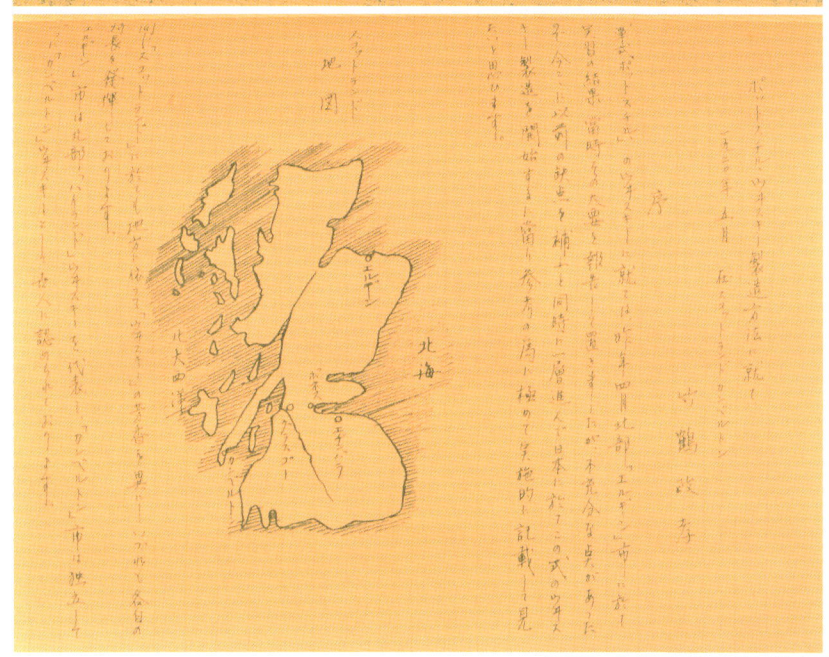

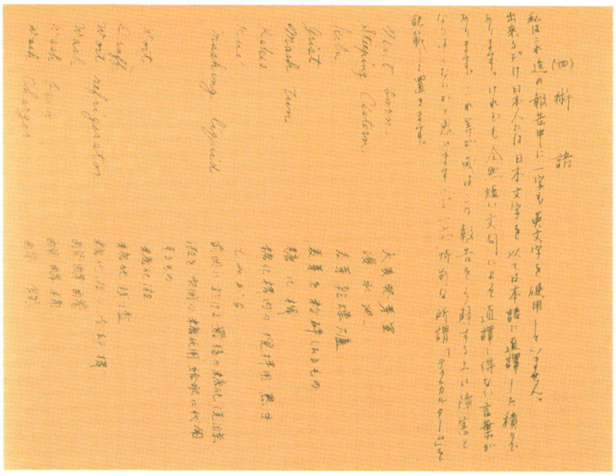

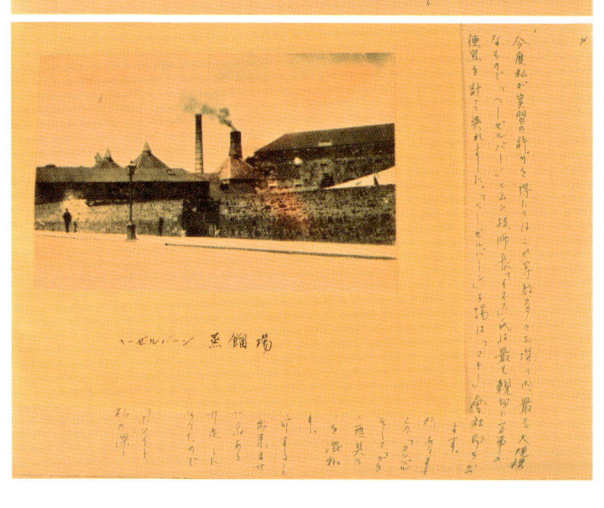

実習報告1・2（竹鶴ノート）　竹鶴政孝
大正9年（1920）（複製）（アサヒビール所蔵）
大正7～9年、竹鶴政孝が単身留学したスコットランドで、ウイスキーの製法を実習した内容などをまとめ、当時所属していた摂津酒造の常務岩井喜一郎に提出したもの。今や世界の5大ウイスキーとなったジャパニーズ・ウイスキーの製造技術は、このノートが原点となっている。

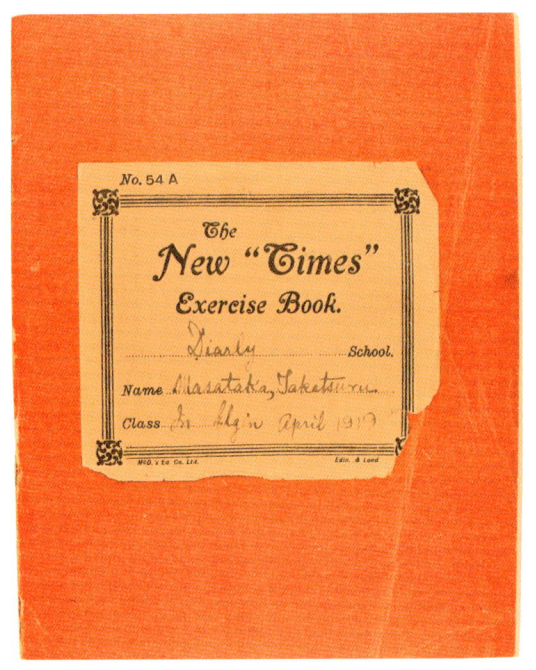

New Times　竹鶴政孝　大正8年（1919）（複製）（アサヒビール所蔵）

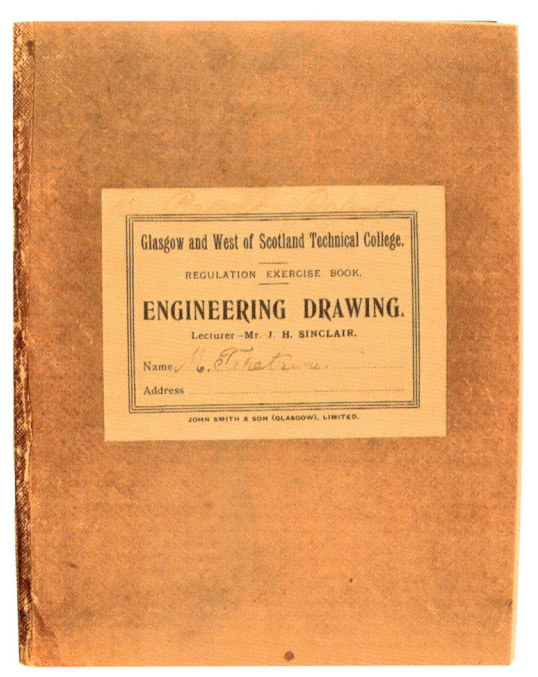

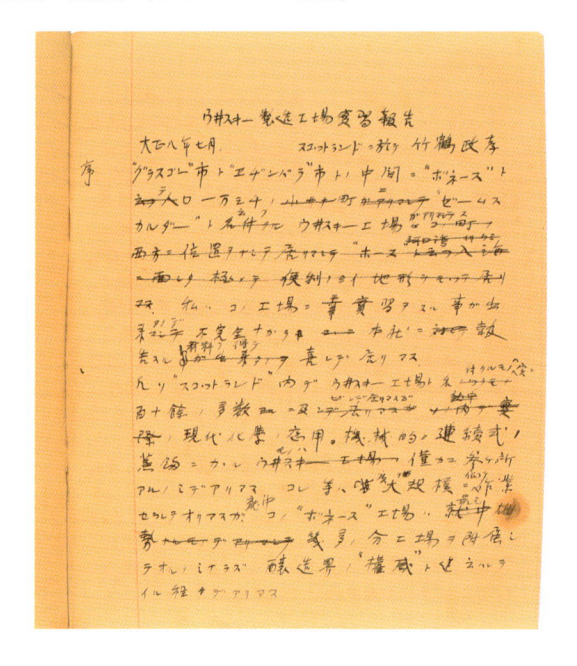

ENGINEERING DRAWING　竹鶴政孝　大正8年（1919）（複製）（アサヒビール所蔵）

竹鶴政孝がスコットランドに滞在した際の日記と実習記録。メモも許されない状況で、ポケットに紙片をしのばせ走り書きし、下宿先でその日の実習内容をまとめる日々を送ったという。

大阪高等工業学校柔道部時代（竹鶴政孝は２列目・右から３人目）　大正２〜５年（1913〜17）（アサヒビール提供）
竹鶴政孝は明治27年（1894）、広島の竹原で造り酒屋の３男として誕生。大正２年、家業を継ぐべく大阪高工醸造科に入学、柔道部に籍を置いた。度々試合を行った大阪府立医科大学（大阪大学大学院医学系研究科の前身）がライバルだった。

竹鶴政孝『ウイスキーと私』　1972年（個人蔵）
竹鶴の自伝。ジャパニーズ・ウイスキーのはじまりを技術者の立場から証言する。非売品。

ニッカ第１号ウイスキー　昭和15年（1940）（アサヒビール所蔵）
昭和９年（1934）、寿屋を退社した竹鶴政孝は、北海道の余市に大日本果汁（現ニッカウヰスキー）を設立。ウイスキー蒸留は翌々年から開始し、熟成を経て15年から販売を開始。

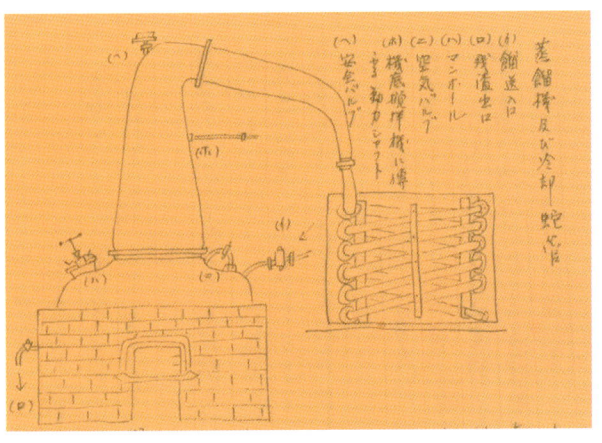

「竹鶴ノート」に描かれたヘーゼルバーン蒸留所のポットスチル（アサヒビール提供）

山崎蒸留所の初代ポットスチル　昭和4年（1929）稼働（サントリー提供）

余市蒸留所の初代ポットスチル　昭和11年（1936）稼働（アサヒビール提供）

本坊酒造信州ファクトリーのポットスチル　昭和35年（1960）稼働（本坊酒造提供）

ポットスチルとは単式蒸留機のこと。微妙な形状の違いがウイスキーの味・風味を左右する。これらの蒸留釜の形状からジャパニーズ・ウイスキーの歴史が垣間見える。

坪井記念館（大阪市都島区）の正面写真（『写真集　大阪大学の五十年』より）

坪井仙太郎胸像（大阪大学大学院工学研究科所蔵・尚醸会提供）

坪井記念館由来書（岩井喜一郎揮毫）　昭和6年（1931）（『写真集　大阪大学の五十年』より）

旧大阪高等工業学校校舎（大阪市北区玉江町）の正面写真（『写真集　大阪大学の五十年』より）

大阪高工醸造科時代の第5代佐藤卯兵衛　大正5年（1916）卒業（新政酒造提供）

秋田の新政(あらまさ)酒造に生まれた佐藤卯三郎は、大阪高工醸造科で学んだ。家業を継ぎ5代目卯兵衛を襲名、花岡正庸(まさつね)が提唱する吟醸酒づくりを実践した。新政の蔵付き酵母は、日本醸造協会が現在頒布している協会酵母としては最古の「きょうかい6号」酵母。

I　古代・中世の酒と人々

松永　和浩

室町期京都の酒倉跡　烏丸綾小路遺跡（下京区）の埋甕群　2008年発掘（京都市考古資料館提供）

　アルコールは糖分が発酵することで生成される。人類が最初に口にした酒は、糖分と酵母をもつ果実が偶然発酵した「猿酒」であろう。約8,000年前から、メソポタミアでブドウを原料にワインを人工的に醸造するようになり、地中海沿岸のエジプト・ギリシア・ローマに広がった。麦芽を糖化・発酵させたビールも、5,000年ほど前のメソポタミアに始まり、古代エジプトを経てヨーロッパに渡った。

　ビールは8世紀のドイツでホップの苦みを獲得してヨーロッパに定着、ワインからはスペインのシェリー酒、フランスの蒸留酒ブランデーが生まれた。同じく蒸留酒として麦を原料とするウイスキーがスコットランドで、ウォッカが東欧で製造された。とうもろこしが原料のアメリカのバーボン、サボテンからつくられるメキシコのテキーラも有名である。このように世界各地には、それぞれの気候・風土・歴史に根ざした、独自の酒が存在している。

　温暖湿潤のアジアでは、麦芽より糖化力の勝るカビを利用した酒造りが行われてきた。黄河文明の殷の遺跡からは3,650年ほど前の、酒を表す甲骨文字が発見された。中国では早くから米の酒を醸し、固形のクモノスカビを利用して醸造酒の紹興酒や蒸留酒の白酒が造られている。朝鮮半島のマッコリも、米から製造される。中央アジアの遊牧民族は、家畜の乳に含まれる乳糖を発酵した乳酒を製造した。

　日本列島では米を原料とする醸造酒が、歴史的にも地域的にも大勢を占めてきた。いわゆる日本酒であるが、その基本的な製法は江戸時代と変わっていない。本章では、日本酒の前史、古代・中世の酒造技術と、酒と人々との関わりについてみていきたい。

尖石遺跡有孔鍔付土器（茅野市教育委員会所蔵）

1．古代日本の酒と人々

米の酒のはじまり

　日本列島における最古の酒造の痕跡は井戸尻遺跡（長野県富士見町）から出土した、縄文中期（紀元前3,000～2,000年）の有孔鍔付土器である。山ブドウなど液果類を圧搾し、野生酵母の働きにより発酵させる酒の醸造に用いられたと推測されている。

　米を主原料とする酒は、稲作とともに縄文晩期～弥生前期（紀元前1,000～300年）に始まると考えられている。米から酒を造るにはデンプンを糖化する必要があるが、米そのものにはブドウや麦のように糖化を促す成分は含まれない。そのため当初は、人間の唾液を利用する「口かみ酒」（『大隅国風土記』逸文）という原初的な製法を用いた。蒸した米を口で噛んだ後、水と混ぜて一晩発酵させる方法である。酒は「醸す」というが、口噛みの工程を語源としている。

　その後、米麹が利用されるようになったと考えられる。「庭音の村、本の名は庭酒、大神の御粮が沾れて、黴生き、すなわち酒を醸さしめて、庭酒を献じて宴しき」（『播磨国風土記』）とある。また一旦熟成した醪を濾過し、麹とカタカユかカユを仕込み熟成を繰り返す「醞」法も生まれた。「醞」を繰り返すことでアルコール度の高い酒が得られ、「八岐大蛇」退治の八醞折の酒はこれを8回も行った高濃度酒を意味する。

古代の飲酒

　飲酒の習慣は『魏志倭人伝』に「人性酒を嗜む」とあることから、邪馬台国の時代までさかのぼる。『万葉集』にも大伴旅人が「酒を讃むる歌十三首」を残している。ただし、「味飯を水に醸み成しわが待ちし代はかつて無し直にしあらねば」（巻一六）から、「味飯」を原料にした一夜酒や、うすにごりの清酒を搾った酒粕を湯で溶かした「糟湯酒」（『貧窮問答歌』）といった簡単なものだったと想像される。

　8世紀に律令体制が整備されると、「酒を醸し醴・酢の事を掌る」造酒司が設置された。造酒司の下には酒部が置かれ、酒戸が大和に90戸、河内に70戸、摂津に25戸設定された（『令義解』）。年間900石の米を使用し、中国の農業技術書『斉民要術』とは異なる独自の製法を用いたらしい。朝廷の年中行事の一つ、新嘗祭には白酒・黒酒を調進したが、現在でも日本酒に使用するばら麹が用いられた。黒酒には臭木（久佐木）の灰を混ぜ酸を中和したとされ、近世鴻池の清酒伝説を先取りしている。

平城京造酒司出土の墨書土器　「酒」「酢」の文字が見える（奈良文化財研究所所蔵）

　平安時代の貴族社会では恒常的に酒が嗜まれたようで、酒癖の悪かった藤原仲成と弟縵麻呂、死ぬまで酒と鷹を愛した藤原道継、酒に溺れた橘長谷麻呂、酒を飲み過ぎ若死にした坂上広野（田村麻呂次男）、「酔うて後いよいよ明」と評された藤原貞主、泣き上戸の文室秋津、酒飲みの藤原摂関家兼家・道隆・道長父子といった存在が知られる。「学問の神様」菅原道真はさすがに「性、酒を嗜まず」といわれるが、これは死後40年を経て作成された『北野天神御伝』の記述に過ぎない。実際は文人サロンで酒をくみかわしつつ漢詩を詠じる人物であった。

　こういった逸話の前提には酒造業者の存在が不可欠で、「左右京及び山崎津・難波津の酒家の甕を封ず、水旱災と成り穀米騰躍するを以てなり」（『日本後紀』）と、大同元年（806）には既に京都や山崎・難波といった交通の要衝に酒屋が多数存在していた。

2．中世日本の酒と人々

酒は社会の潤滑油

　酒は基本的に神事が行われた「ハレ」の日に口にすることができる、貴重なものであった。神への供御物が下ろされる直会と、その後物忌みを解いて日常に服す解斎という二種の宴会（宴座・穏座）に供された。それが徐々に「ケ」の世界に広がっていくのが中世（12〜16世紀）であり、酒をめぐる話題も豊富になってくる。

　酒が社会の潤滑油として機能することは、現代でも確かめられる。その相貌が明確に描けるようになるのが中世である。威儀を正した宴会では、朝廷や幕府、大名家から村落に至るまで、身分秩序に応じた座席が設定された。これにより身分的上下関係が確認される仕組みとなっていた。

　鎌倉幕府は御家人を招いた将軍主催の宴会である大垸を毎年開催し、棟梁と家人との関係性が再確認された。ちなみに大垸から「大盤振る舞い」の言葉が生まれた。荘園制社会でも、毎年の年貢納入に当たり「収納の酒」として酒宴が設けられ、領主が百姓を饗応することで過酷な搾取関係を互酬関係に転化させ、支配を継続・強化した。

　このように酒は人間関係を円滑化する一方、それを悪化させる契機にもなった。郡山八幡神社（伊佐市）の本殿には、永禄2年（1559）の年紀で、「座

Ⅰ 古代・中世の酒と人々

郡山八幡神社本殿の落書（郡山八幡神社所蔵・伊佐市教育委員会提供）

主（八幡のトップ）がケチで「焼酎」を一度もくれない」との恨み節が書き付けられた木片が残されていた。酒が現物あるいは「酒直」（酒代）・「酒直下行符」（チケット）の形で職人への労働対価として支払われていたことから、造営を請け負った大工の仕業と考えられる。果たすべき義務を怠ったがために、神仏や後世の人々にまで知れ渡る形での意趣返しを被ったのである。酒の恨みは深いというべきか、これが「焼酎」の初見資料としてさらに注目を浴びることとなったのは皮肉である。

謀議の酒

また酒は、謀議の場を演出した。治承元年（1177）、平家の「増長」を快く思わない人々が鹿ヶ谷の山荘に集まり、平家打倒を議論した。そこには後白河院も同席し、倒れた瓶子をみて藤原成親が「平氏はたおれた」、平判官頼康が「あまりに瓶子が多く酔ってしまった」といい、西光が「頸を取るにはしかず」といいながら瓶子の首を折り取ったところでお開きとなったという。これが伏線となり、治承３年の平清盛のクーデタ、後白河院政停止が行われたと『平家物語』は伝えている。

『太平記』が描くのは、「無礼講」の語源となった、後醍醐天皇の鎌倉幕府打倒の謀議である。そこでは身分の上下を問わず献盃され、男は烏帽子を脱いで髻を放ち、僧は法衣を着けず、17、8歳の美女20余人が薄手の絹を着て酌を取る乱痴気騒ぎが繰り広げられたが、倒幕計画を進める後醍醐はそこに集まった者たちの本心を探った。

武家社会では酒を用いただまし討ち、酒宴に乗じた不意討ちの例が枚挙に暇がない。『曾我物語』で有名な曾我兄弟の仇討ちは、巻狩後に「悉く酔いに乗」（『吾妻鏡』）じて成功を収めた。建保元年（1213）の和田合戦で、北条義時は和田義盛に酒宴を襲われた。その防戦の苦しさから義時は禁酒を誓うも、結局守ることはできなかった。最後の北条得宗である高時の弟泰家は、倒幕軍として鎌倉を攻める新田義貞を退けると、陣中に遊女を迎えて酒宴を始め、再度攻め入った義貞に敗れた。将軍の「犬死」と揶揄された足利義教の最期も、赤松邸での酒宴の最中であった。

鎌倉武士と酒

では武家の日常における酒とは、どのようなものだったのか。まず鎌倉時代は剛胆な鎌倉武士のイメージよろしく、酒豪・酒乱の逸話が少なくない。最後の源家将軍実朝は酒盛り後に病悩に陥り、「去夜御淵酔の余気」のため栄西からお茶を献じられた（『吾妻鑑』）。二日酔いの早い事例であり、栄西が『喫茶養生記』で論じた通り、お茶を薬として利用している点も興味深い。北条高時は日夜酒宴に耽り、闘犬・田楽に興じ、幕府滅亡の一因となった。

しかし政権としての酒との向き合い方は、鎌倉幕府は実に厳格であった。鎌倉時代は地球規模で寒冷化し飢饉・凶作が頻発した。幕府は民衆に施行を施すなど撫民に励み、食糧としての米を確保するためにたびたび禁酒令を出した。建長４年（1252）の沽酒禁制（酒販禁止令）では、鎌倉中の壺37,274口を破却し、一屋に一壺のみ許諾した。文永元年（1264）には東国、弘安７年（1284）には越中・越後、同９年には遠江・佐渡、正応３年（1290）には尾張に沽酒醸造禁令を発した。

酒好きの足利将軍家

室町幕府の足利将軍家は生来、酒好きの家系であったようだ。二代将軍足利義詮の死因をめぐって、『細川頼之記』は「其病ノヲコリヲ尋ルニ、

『酒飯論絵巻』（個人蔵）

夜昼ヲイハズ淫乱ヲノミ事トシテ、美酒ヲ甘ジ遊宴ヲ専（もっぱら）トシ、天下ノ政道ヲバ露バカリモ聞玉ハズ」と、政道を顧みず淫事と酒宴に耽った無能な為政者と描かれる。三代義満以降は公家と酒席を共にする機会が激増した。五代義量（よしかず）は早世したため影が薄いが、父義持が近臣に禁酒の起請文（きしょうもん）（誓約書）を書かせたことから、酒乱が寿命を縮めたと解釈されている。六代義教は酒宴中に暗殺され（前述）、八代義政は応仁の乱中にも「常ノ御気色ニテ御酒宴ニテ御座（おわしまし）ケル」（『応仁記』）と浮世離れした日常を送った。九代義尚も「平生一向御食事なく、只水と酒、御淫乱ばかりなり」（『宣胤卿記』）と難じられた。

一人異彩を放つのが四代義持で、彼は禅宗寺院に対して禁酒令を発している。しかし禁酒令とは禅宗的禁欲主義の理想を禅僧に強要したに過ぎない。自身は飲酒を断つどころか、「御二日酔気」「御沈酔以っての外」（『満済准后日記』）「大飲の御酒あり」（『兼宣公記』）と痛飲することしばしばであった。"血は争えない"とはよく言ったものである。

酔狂の室町社会

将軍に限らず、室町時代とは酔狂の社会であった。公家の山科家の記録では、1412〜91年の食物に関する記事5,854件のうち、酒類関係は27％と突出した数値を残す。伏見宮家の貞成（さだふさ）親王は「今日より断酒の由存ずるのところ面々申し留む。明日より堅く断酒なり」と、禁酒の誓いも周囲にそそのかされあっさり放棄している。同様の経験をお持ちの読者も少なくないのではないか。またこれは多分に個性に由来するが、禅僧の一休宗純は「女犯肉食飲酒」を公言して憚らなかった。戦国期の故実家として名高い三条西実隆ですら、「沈酔帰宅」「酩酊して夢中の如く路に帰る」「沈酔散々、前後を忘れて帰宅」（『実隆公記』）という体たらくである。

酒宴の場では「当座会（とうざえ）」といって嘔吐することが珍しくなく、摂関家の二条持基は吐きながら飲む芸当を身に付けていた（『看聞日記』）。銘柄・産地を当てる「十種酒」、早飲み競争の「十度飲（のみ）」「鶯（うぐいす）飲」といった遊興も生まれた。当時の酒宴の様子については、酒好きの糟屋朝臣長持、ご飯好きの飯室律師好飯、両者をほどほどに好む中左衛門大夫中原仲成の三人が持論を戦わせる『酒飯論絵巻』（6頁）から窺うことができる。

京都の酒

このような飲酒習慣を支えたのが、京都の酒屋や「僧坊酒」の存在であった。京都には「近日京洛の俗、偏えに利潤を専らにし、杜康（＝酒の創始者）の業頗るもって繁多」（『東寺執行日記』元徳2年（1330）条）とあるように、鎌倉期から既に多数の酒屋が大きな利益を得ていた。室町期には守護大名など武家が集住して一大消費地となり、酒造業はさらに発展した。応永32（1426）・33年の洛中洛外の酒屋リストには、342軒が挙げられ（北野神社文書、本書4頁）、このなかから将軍に美酒「柳酒」60貫を毎月献上する五条坊門西洞院酒家（『蔭涼軒日録』）などが生まれた。

なおこのリストは、北野社松梅院を優遇する義

Ⅰ　古代・中世の酒と人々

烏丸綾小路遺跡の酒屋跡から出土した甕　室町時代（京都市考古資料館所蔵）

持が付与した、北野西京麹座の麹独占販売特権に関わって作成された。応永26年には多数の酒屋に対して麹製造中止の誓約書提出と、麹室破壊命令を伴った、徹底したものだった。左京六条三坊五町跡（下京区）の室町期の酒蔵遺跡からは多数の甕が出土したが、底部に金属製の棒で打ち破った穴が開けられたものもあり、麹室破壊の痕跡と考えられている（5頁）。

寺の酒

　寺院で醸造される「僧坊酒」では、永享4年（1432）を初見とする金剛寺（河内長野市）の天野酒が、「天野比類なし」（『看聞日記』）、「美酒言語を絶す」（『鹿苑日録』）と賞賛された。豊臣秀吉も天野酒を賞翫したひとりで、酸敗防止に用いる「あく」（木灰）の使用について口出しするほどであった（『金剛寺文書』353、本書7頁）。

　天野酒と双璧をなすのが、嘉吉年間（1441〜43）から販売を開始した菩提山正暦寺（奈良市）の「菩提泉」で、「無上の酒山樽」「名酒山樽」（『経尋記』）、「酒に好悪あり、興福寺より進上の酒もっとも可なり」（『蔭凉軒日録』）との声価を得た。その他、中川寺・長岡寺・多武峰酒（奈良）・百済寺酒（滋賀）・観心寺（大阪）・豊原酒（福井）がその名を知られた。

酒が支える国家財政

　ところで中世国家は貨幣経済の浸透、流通経済の発達に従い、商業課税に関心を寄せていった。酒屋は鎌倉末期から課税対象となり、後醍醐天皇は酒鑪役(しゅろ)を賦課し、北朝は酒麹役(しゅきく)を創設、即位儀礼の費用として酒壺ごとに200文を借用した。

　室町幕府は日明貿易で巨万の富を得たが、恒常的には土倉酒屋役を主要財源としていた。朝鮮人通訳尹仁甫が「国に府庫なし。ただ富人をして支待せしむ」と語った通り、室町幕府は財源のみならず、財政運営をも金融業を営む土倉・酒屋に依存していた。室町幕府は将軍個人から財政に至るまで、まさに"酒浸り"の政権だったといえよう。

特産品の誕生

　室町期の飲酒文化に関して注目すべき動向は、酒宴を彩る肴となる特産品が各地で形成されたことである。御伽草子の一編に、15世紀後半に成立した『精進魚類物語』という、精進物（植物）となまぐさ物（動物）とが戦う『平家物語』のパロディーがある。

　時は魚鳥元年、登場人物は「越後住人鮭の大助長ひれ」、その子「はらら子太郎つぶざね」「次郎ひづよし」、「近江国の住人、犬上川の総追捕使、鯰の判官代(たちうお)」「鮒の備前守」「にしんの出羽守」「小ふなの近江守」「白はへの河内守」「ゑいの陸奥守」「しらさぎの壱岐守」「駿河国高はしの荘知行するあま鯛」「美濃国の住人、大豆の御料」「大和国の住人、熟柿の冠者さねみつ」「近江国の蒲生の郡豊浦の住人、あをな(青菜)の三郎常吉」「蓮根の近江守」「きうり(胡瓜)の山城守」「くりの伊賀守」。ここに食材と特定の産地を結びつける発想、すなわち特産品の成立を見出すことができる。

　実際、佐渡蛸・佐渡海苔・桂鮎・江瓜・和瓜・丹瓜・播瓜・宇治茶・伊賀茶・柳（酒）・天野（酒）・奈良酒・飛騨紙・美濃紙・備前茶壺・越綿・越絹・加賀梅平絹などが生まれた。この背景に、室町期の京都を中核とする経済・流通構造があった。また酒の容器も、15世紀初頭には「筒」

菩提山正暦寺「日本清酒発祥之地」「菩提酛創醸地」碑（筆者撮影）

から「樽」へ、末葉には酒徳利から酒湯桶へと、より容量の大きいものに転換したことも書き添えておきたい。

3．中世的「酒」から近世的「酒」へ

段掛法の発明

　中世後期には近世以後につながる日本酒造りの技術革新が生まれた。中世は日本独特の米を基幹原料とした酒造が固定化した時代であり、「醞」方式から「酛」方式への転換期に当たる。

　「醞」方式は蒸米・米麹と酒で仕込み、醪が熟成すると搾ってさらに蒸米・米麹を加えることを繰り返す、造酒司の秘方である。高アルコールが得られる反面、醸造日数が長く濾過過程で雑菌に汚染されやすい欠点があった。

　一方、「酛」方式は熟成した醪を濾過せず、蒸米・米麹・水を仕込んで醗酵させるものであった。その初見は、永禄9年（1566）以前には成立したとされる『御酒之日記』（佐竹文書）に記された「御酒」の製法である。それは清酒の醪を仕込む三段掛法の原型である一段掛法だった。ただ汲水を詰め酒母・麹の使用量が多く、味は濃くても雑味の多い甘口だったと想像される。『御酒之日記』は天野酒・菩提泉も取り上げており、中世の酒造技術を知る基本文献とされている。これによると天野酒の醪は二段掛法で、醪に占める麹の歩合が今日に近い12％、「御酒」より酸・アミノ酸が少なく喉ごしのよい酒であったとされる。

南都諸白の登場

　そして日本酒史上最大の技術革新といわれるのが、菩提山正暦寺の「菩提泉」である。「菩提泉」は麹米・掛米ともに精白米で仕込む「諸白酒」、仕込方法では最初に乳酸発酵させて雑菌の繁殖を抑え、次に乳酸酸性のもとで酵母の増殖を促しアルコール発酵を行わせる、細菌学的にみて巧妙・合理的な「菩提酛」を採用した。いずれも近世以後につがなる技術であり、正暦寺には「日本清酒発祥之地」の碑が立っている。その味は濃厚だが、かなり酸のきいた酒であったとされる。最近、正暦寺・奈良県工業技術センター・天理大学附属図書館と地元酒造家が連携したプロジェクトによって復元されている。

　同じく奈良の僧坊酒では、戦国時代の興福寺の子院の記録『多聞院日記』に、三段掛法と火入れの初見がある。三段掛法は初添・仲添・留添と三段階で醪を発酵させる方法、火入れは耐熱性胞子をつくらないバクテリア・カビ・酵母を50～60℃で殺菌する保存処理である。特に後者は、1865年にパスツールが腐敗葡萄酒研究で発見した画期的な低温殺菌法（パスツリゼーション）から約300年もさかのぼる、世界に先駆ける技術であった。これを明治14年（1881）、東京大学のお雇い教師ア

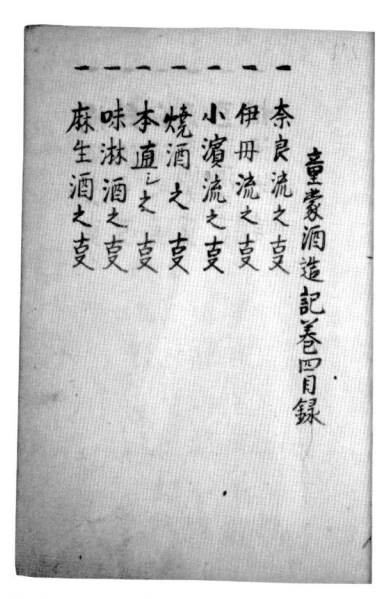

『童蒙酒造記』 貞享4年（1687）頃（ケンショク「食」資料室所蔵）

トキンソンは驚きをもって西洋に紹介している。

諸白の伝播

16世紀後半、京都では奈良諸白が天野酒を凌駕した。さらに諸白を採用して台頭する醸造地が新たに登場した。一条兼良『尺素往来』は「酒は柳一荷、之に加うるに天野、南京の名物」に続けて「兵庫、西宮の旨酒及び越州豊原、加州宮腰等」を紹介する。その他、坂本・大津・伊豆江川、堺酒・平野酒・練貫酒（筑前）も有名となった。慶長年間（1596～1614）には児島酒（備前）、尾道酒、三原酒、道後酒、小倉酒といった城下町の名醸地も登場した。伊丹の酒造技術書『童蒙酒造記』には「夫れ奈良流は酒の根源と謂べし、故に諸流是より起る」とあり、奈良諸白が近世に各地の清酒醸造流儀の源流となった。

米を基幹原料とする従来の醸造酒とは異なる酒も、戦国後期には登場した。博多の練貫酒は高アルコールのためか保存に耐え、南蛮酒の「珍駄・ブドウ酒・ろうち・かねぶ・阿刺吉」といったワイン・焼酎、さらには味醂の存在も知られる。

飲み方の転換

戦国期は酒造技術の転換期であったばかりでなく、酒宴のあり方の曲がり角ともなった。室町幕府周辺での痛飲・泥酔は前述したが、宣教師たちの記録からもそれが確かめられる。永禄5年（1562）に来日したルイス・フロイスは、日本の政治情勢や文化・風俗について貴重な情報を残したが、「日本人の食事と飲酒の仕方」（『ヨーロッパ文化と日本文化』第6章）で次ように述べる。

> われわれの間では誰も自分の欲する以上に酒を飲まず、人からしつこくすすめられることもない。日本では非常にしつこくすすめ合うので、あるものは嘔吐し、また他のものは酔払う。（31項）

> われわれの間では酒を飲んで前後不覚に陥ることは大きな恥辱であり、不名誉である。日本ではそれを誇りとして語り、「殿 Tono はいかがなされた。」と尋ねると、「酔払ったのだ。」と答える。（38項）

ここには飲酒の強要と嘔吐・酩酊の容認という酒宴の姿が描かれている。ジョアン・ロドリゲスの『日本教会史』第26章も同様の記述に加え、「飲み競べ」の習慣について具体的に伝えている。

しかし家中統制を目指す戦国大名は、このような飲酒習慣を規制する方向に向かう。「結城氏新法度」78条では「一、酒によい候て、人ものたのミ候とて、目の前へ罷り出で、かりそめの義をも申すべからず、よくさけをさまし、本心の時罷り出でられ、何事をも披露すべし、心得らるべく候」と、主人への要望はしらふの状態で行うべきとされている。ここから従来は主人と家臣との間に日常的な飲酒関係が存在し、政治的決定が酒宴の場でなされたことがうかがえる。しかし同62条では酒量・酒類の制限、「長宗我部氏掟書」32条では大酒の禁止と「酔狂人」の罰則が規定されている。大名権力が確立するなかで、中世的な日常的飲酒慣行は禁止の方向に推移していった。

近世には、酒が下賜され振る舞われる「親方の酒」から、個々人が飲酒の要求から購入する「小買いの酒」へと変質するといわれている。酔狂のなかで人間関係が築かれ、政治が動いた中世から、領主権力や国家が飲酒や酒造を統制する近世への転換点が戦国期であった。技術革新も含め、戦国期は日本酒史上の画期と位置づけられよう。

コラム　古代・中世の酒杯　　高橋照彦

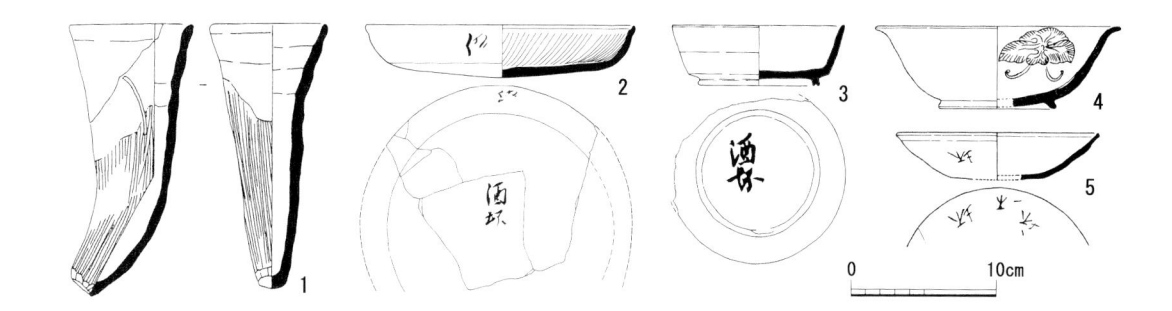

各種の酒杯（側面ならびに底部外面の図で、黒塗り部が縦断面。縮尺1／5）
1：須恵器角杯（獅子塚古墳出土、古墳時代）、2：土師器杯（平城宮跡出土、奈良時代）、3：須恵器杯（出雲国府跡出土、奈良時代）、4：緑釉陶器椀（平安京冷然院跡出土、平安時代）、5：土師器杯（平安宮跡出土、平安時代）

挿図出典
1：中村浩「福井県美浜町所在獅子塚古墳出土須恵器について」『MUSEUM』501、1992年。2：奈良国立文化財研究所『平城宮出土墨書土器集成』Ⅰ、1983年。3：島根県教育庁古代文化センター『山陰古代出土文字資料集成』Ⅰ（出雲・石見・隠岐）、2003年。4・5：京都市埋蔵文化財研究所『平安京跡発掘資料選』（二）、1986年。

　ワインを味わうにはワイングラス、ビールを干すにはビアジョッキ。酒を飲むには、その酒にふさわしい器がつきものである。日本酒には、お猪口やぐい呑みが定番。ところが、陶磁器の猪口やぐい呑みは、江戸時代になってから使われたものである。

　それ以前の酒器は、多くの場合、土器（かわらけ）であった。土器は土師器とも呼ばれる伝統的な焼物で、素焼きの軟質な製品である。土器という語は、それだけで酒杯を指す場合も少なくなく、酒宴・酒盛り全般の意味にも用いられることさえあった。つまり、酒といえば、なによりも土器だったのである。

　鎌倉・室町時代の土器は、猪口やぐい呑みと違って、浅い皿の形であった。お神酒を受ける盃の形である。清少納言が「きよしとみゆるもの」として「土器」を掲げたように、土器は清楚であり、神事にも酒宴にもふさわしいと認識されていたのであろう。

　ところが、平安時代初めの酒杯には、高級品として朱漆器や銀製品、さらには緑釉陶器や白色土器とよばれる焼物もあり、朝廷の儀式での酒宴では、身分や場面に応じてカラフルな器に酒が満たされていた。しかも、それらは深めのお椀の形をしており、中国の唐で一般的な酒杯の形状であった。

　奈良時代ごろの酒杯には、灰色で無釉の須恵器もあったが、土師器では皿形のものが存在していた。つまり、奈良時代にみられたような皿形の土器は、平安時代初め頃に新たな中国風の酒杯が流行した後、鎌倉・室町時代にはむしろ一般化していくのである。

　弥生・古墳時代にも既に酒が飲まれていたが、その頃に浅い皿形の器は確認できない。酒杯は他の食器と同様のやや深めの器なのだろう。ただし、非常に特異なものとして、リュトンとも呼ばれる須恵器の角杯も出土している。牛などの角を逆さに向けた形をしたもので、中央アジアやその西方では酒などを飲む容器であったが、そんな文化の一端が古墳時代に到来していた。

　ちなみに、須恵器の作り方は古墳時代に朝鮮半島から伝わったが、その際に新たな酒造りの技術も伝わり、須恵器の甕は醸造に用いられたようである。焼物と酒とのかかわりは実に深い。酒にまつわる文化も、異国情緒をまとったり、伝統文化が重んじられたりしながらも、時とともに変転してきたのである。

Ⅰ　古代・中世の酒と人々

コラム　飲酒と戒律

芳澤　元

房舎に太鼓樽を運ぶ僧侶
(『慕帰絵』巻6)

　一般的に寺院は僧尼が戒律を守り修行にいそしむ場であり、修行生活の妨げとなる飲酒は、仏教では最も悪質な破戒行為の一つとされた。しかし、日本中世の寺院は酒の有数の醸造所であり、一大消費地でもあった。ではなぜ、中世寺院では戒律に反する酒の生産・消費が問題にならなかったのだろうか。

　中世寺院の酒宴には共通の特徴が数点かある。

　第一に、療養のための薬酒の存在がある。鎌倉時代にはすでに天台宗や真言宗寺院では一般化していた。京都の海住山寺でも、療養のため三人以上で飲むことは許可されていた。

　第二に、寺の仏事儀礼や衆議等での使用がある。実態として僧侶の飲酒は、個人的なものよりも、寺内に多人数が集会する場に確認できる。例えば京都醍醐寺の経供養では、特別に結界内でも飲酒や歌舞音曲が認められた。

　第三に、仏事に参列した檀越を、終了後に食事の席で接待する慣習がある。寺院のスポンサーである檀越からの酒杯は、昔の僧侶でも断りづらかったらしい。それどころか出雲の鰐淵寺では、酒宴が檀越の関心を惹き、寺の繁栄を築く場とさえ意識された。戒律や法度といった建前よりも、現実の寺院経営が優先されたのである。この他の場面でも飲酒は常態化し、寺院内では中国古典に従い般若湯という酒の隠語が定着した。

　次第に、戒律に至上の価値を見出さない考え方が顕れる。義堂周信（1325～88）という禅僧は、一つ罪を犯せば一つ新たな戒めが生まれる際限なさに、戒律の限界があると指摘している。文学作品では、禁酒や破戒が演出上の重要なエッセンスともなる。中国から将来された小説『酒茶論』や、謡曲「三笑」「木賊」では、一献の酒が観客を笑わせ、感動を誘う道具として描かれた。

　戒律の遵守は宗教的実践の一環である一方で、人間的な経済生活の発展を制限する側面もある。それゆえ戒律を相対化して仏教思想を深めようという思考は進歩的だが、逆に破戒を助長しかねないリスクもあわせもっていた。酒と文明の関係は非常に奥深い問題だといえよう。

Ⅱ　江戸を席巻する「下り酒」

久野　洋・松永　和浩

伊丹の酒造の様子　『摂津名所図会』寛政8年（1796）刊（橋爪節也氏所蔵）

「徳川の平和」の下、江戸時代の日本では様々な産業が発達した。酒造業では中世以来の南都諸白の技術（三段掛法、火入れ）と、近世後期に灘で確立した寒造りなど、清酒の基本的な製法が全国に普及した。また農閑期を利用し、杜氏に酒造を委託する製造形態も生まれた。

江戸時代の酒造業界をリードしたのは、上方の江戸積酒造地であった。江戸は近世初期には人口50〜60万、中期には100万超を抱える、世界有数の大都市となった。この一大消費都市の需要は、高度な技術と生産力を持つ上方がまかなった。全国の物産が集散する大坂から江戸へと送られる品々は「下り物」と呼ばれた。その代表的商品こそが、「下り酒」であった。

① 洗米　　②浸漬　　③蒸し

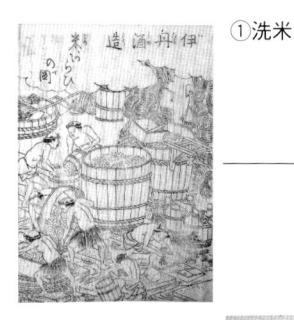

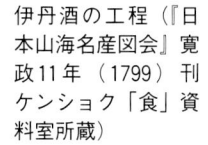

伊丹酒の工程（『日本山海名産図会』寛政11年（1799）刊 ケンショク「食」資料室所蔵）

⑩オリ引き→新酒
※その後、濾過・火入れ・樽詰めして出荷

⑨圧搾→酒粕

1.「下り酒」の銘醸地・伊丹

「丹醸」の誕生

　江戸時代の初め、中世以来の伝統をもつ南都諸白（Ⅰ章参照）が依然として高い地位にあった。だが元禄期には、上方が江戸積酒造業の中心を担うようになる。元禄10年（1697）、江戸に運ばれた酒は64万樽に達し、大坂・堺・伊丹・池田・尼崎・兵庫・西宮などが銘醸地として知られた。なかでも伊丹は、下り酒の主要な名産地であった（8頁）。

　元禄期の諸書では、伊丹酒が高く評価された。食療本草書である『本朝食鑑』には「和州南都の造酒第一たり、しこうして摂州の伊丹・鴻池・池田・富田これに次ぐ」、摂津の地誌『摂陽群談』には「香味甚だ美にして、深く酒を好む人これを味わい、当所の酒と知る事、他に勝る」とある。またこの頃活躍した文豪井原西鶴の『西鶴織留』は、伊丹の繁昌ぶりを描く。

　　池田・伊丹の売酒、水より改め、米の吟味、こうじ（麹）を惜まず、さはり（障）ある女は蔵に入ず、男も替草履はきて、出し入すれば、軒をならべて今のはんじやう（繁昌）。舛屋・丸屋・油屋・山本屋…（中略）…此外次第に栄て上々吉諸白、松尾大明神のまもり給へば、千本の椙葉枝をならさぬ時、津の国の隠里かくれなし

　この一節は、金持ちが多く隠れ住む「隠里」伊丹の酒屋の父子を描いたものである。

　当時の伊丹には36軒の酒造家が存在し、16,400石の酒造を許可されていた。享保10年（1725）の史料では江戸に「極上酒」を送る酒屋33軒のうち15軒を伊丹が占め、元文5年（1740）頃には伊丹酒が将軍家の「御膳酒」となった。この頃江戸で「丹醸」として好評を博し、遠国では「伊丹」が諸白の代名詞となるなど、伊丹酒は南都諸白に取って代わったのである。その背景には伊丹酒の技術革新と輸送システムの進展があった。

伊丹の酒造技術

　清酒の元祖は伊丹酒ともいわれる。伊丹近傍の鴻池村の酒屋で、叱られた使用人が腹いせに灰を酒桶に放り込むと、翌朝には濁り酒が清酒になったというものである。この伝承は、「私酒造の儀は、御江戸表へ積下の元祖にて、往古は世上濁酒・片白に御座候処、私先祖澄酒を造初め、是を生諸白と申候、即ち慶長四年より御江戸表江陸地を人馬を以て下し申候」（『灘酒沿革誌』）と、清酒醸造と江戸積の元祖を自負する鴻池家に伝わったものである。このいわゆる鴻池伝説を紹介する『摂陽

④製麹：蒸米＋麹菌→麹米

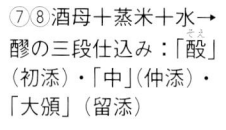

⑤⑥米麹＋蒸米＋水→酛（酒母）

⑦⑧酒母＋蒸米＋水→醪の三段仕込み：「酘」（初添）・「中」（仲添）・「大頒」（留添）

『落穂集』の成立は、近世後期まで下り、また「濁酒」に対する「清酒」の技術は直接的には南都諸白を起源とする。したがってこの伝承は後世の創作に過ぎないが、近世前期に何らかの技術革新があり、伊丹・鴻池が江戸積酒造業の開始期に重要な役割を果たしていたことを物語る。

近世には酒造技術書が複数作成されたが、『童蒙酒造記』や『日本山海名産図会』（9頁）など、多くが丹醸の技術を紹介する。伊丹の酒造技術が近世の基本となったことがうかがえるが、今日の酒造りと比較して次の点が注目される。

酛（酒母）に掛米・麹米・水を加える醪の仕込みでは、麹歩合が南都諸白では現在の1.6倍であったのに対し、伊丹酒では汲水歩合も含め現在とほぼ同量となった。醪の三段掛けの総米比も初添：仲添：留添＝1：2：3の「一二三造」となり、現在に近く旨口・甘口の酒を醸したと思われる。火入れの時期も「江戸積諸白ハ五月節、八十八夜前、春酒ハ中過ぎ、寒酒は八十八夜後、片白斗水及び新酒は五月節の中前に火入をなす」（『童蒙酒造記』）と、江戸への輸送期間を考慮した保存処理方法を確立していた。また仕込量も、従来の2〜3石の壺・甕から10〜20石の桶・大桶へと転換し、増大した。伊丹では、現在の清酒造りに近づく技術の進展がみられたのである。

伊丹酒の輸送システム

先の鴻池の家伝によれば、下り酒は当初、馬によって運ばれた。その後、次第に移出量が増え、菱垣廻船による海上輸送に切り替わった。菱垣廻船は江戸・大坂間を定期的に運航し、江戸の消費物資の大半を輸送した大型の廻船である。幕府・諸藩の御用荷物を運送する目印として、船に垣立を用いたのでこう呼ばれた。

伊丹酒の輸送ルートは、まず馬で神崎（尼崎市）などへ運び、次に天道船で伝法（大阪市此花区）まで送って、最後に江戸積大型廻船に載せて江戸に届けられた。各輸送手段は伊丹馬借問屋、神崎船積問屋、伝法船積問屋が受け持った。これらの運送問屋に対して伊丹酒の荷主は酒造家仲間を組織して、その不正の取り締まりや船の状態についての要求を行うなど、自己の利益と権益を守る体制を整えていった。

しかし、17世紀には廻船問屋の不正や海難事故のため、荷主はたびたび損害を被っていた。そのため江戸と大坂の問屋は江戸十組問屋と大坂二十四組問屋を結成し、荷主組合が取り締まりにあたったのであり、菱垣廻船はこれに属した。このように酒造家たちは、江戸積大型廻船（菱垣廻船）を管理支配することによって、海上輸送の円滑化をはかり、自らの利益擁護を目指したのである。

こうしたなかで享保15年（1730）には酒店組が

II 江戸を席巻する「下り酒」

[表1] 伊丹産酒造業の変遷（『伊丹歴史探訪』より転載）

年　　代	酒造株高	造石高	酒造株数	酒屋人数
寛文 6年（1666）	79,761石	石	48株	36人
元禄10年（1697）	80,964	16,400	48	
正徳 5年（1715）	60,000	20,000	103	72
享保 8年（1723）			55（造株）	45
寛延 3年（1750）			48（休株）56（造株）47（休株）	
文化 1年（1804）	107,928			
天保 3年（1832）	106,758	71,861		85
〃 12年（1841）	137,535	62,000		86

[表2] 幕末期、摂摂十二郷の江戸へ送られた樽数の変遷表（『伊丹市史』2より転載）

酒造地	文政4（1821）			天保14（1843）			嘉永6（1853）			安政3（1856）			慶応2（1866）		
	樽数	比率	指数	樽数	比率	指数	樽数	比率	指数	樽数	比率	指数	樽数	比率	指数
	樽	%		樽	%		樽	%		樽	%		樽	%	
今　　津	36,396	3.5	100	66,633	7.6	183	79,299	11.8	218	118,785	12.6	326	107,284	15.7	295
灘　　目	616,352	59.6	100	467,980	53.3	76	364,360	54.3	59	523,329	55.3	85	360,850	53.0	59
西　　宮	78,590	7.6	100	70,857	8.1	90	87,325	13.0	111	102,875	10.9	131	113,112	16.6	144
伊　　丹	174,140	16.8	100	148,135	16.9	85	60,695	9.0	35	80,507	8.5	46	37,533	5.5	22
そ の 他	128,268	12.4	100	125,169	14.2	98	79,284	11.8	62	120,467	12.7	94	62,548	9.2	49
摂泉十二郷	1,033,746	100.0	100	878,774	100.0	85	670,963	100.0	65	945,963	100.0	92	681,327	100.0	66

江戸十組問屋から脱退し、酒荷だけを扱う樽廻船が登場する。酒造家にとって、多種雑多な商品を運ぶ菱垣廻船は、品質管理や損害補償制度の点で問題があった。そこで彼らは独自に樽廻船を仕立て廻船業に進出したのである。

そして、この樽廻船の源流と目されるのが、伊丹酒造仲間が強力に支援していた伝法船であった。伝法船は天和2年（1682）時点で史料上確認でき、17世紀後半の伊丹酒造家たちの先進性がうかがえる。彼らに代表される上方酒造家たち独自の輸送システムの存在が、17世紀後半～18世紀に下り酒が江戸を席巻する一因となったといえるだろう。

淘汰される伊丹酒

こうして、伊丹は元禄期に江戸積酒造業の頂点を極めた。近世後期の文化・文政期（1804～30）にはその座を新興の灘目に譲ったものの、伊丹酒は第二のピークを迎えた。文化元年の伊丹酒の酒造株高は10万石を越え（表1）、江戸入津数は最高の27万8千樽に達する。その後は20万樽を少し下回る水準を維持しながら天保期（1830～43）に至る。ただしこの頃は幕府が「勝手造り」（酒造自由化）を解禁した時期であり、そのため生産量は増えたが、自由競争が促進され、新興地からの圧迫を受け、伊丹酒全体では衰退を余儀なくされた。すなわち伊丹全体の江戸入津樽数は、天保14年の約148,000樽が、嘉永6年（1853）に約6万樽に激減するのである（表2）。

伊丹内部に限っても競争は激しく、勢力図が塗り替えられた。これまで有力だった舛屋・丸屋・油屋・稲寺屋などが没落し、紙屋・豊島屋・一文字屋・加勢屋・薬屋などが急上昇した。なかでも大きく発展したのが、近世初期から「薬屋」という屋号で酒造業を営んだ小西新右衛門家である。近世後期～幕末期に伊丹第一の酒造家に成長した小西家は、全国有数のブランド「白雪」のメーカー・小西酒造として現在も続いている。

その発展の要因は、生産から販売まで一貫した流通系列を独自に掌握していたことにあった。小西家は、樽廻船の基地である伝法に進出するだけでなく、早くから大坂安治川で樽廻船問屋を経営し、さらに江戸では江戸店（小西利右衛門）と江戸西店（小西利作）の2軒の江戸下り酒問屋を持っていた。製造から輸送・販売におよぶ同族団を形成した経営形態は、灘の酒造家にもみられない特徴であった。こうして小西家は、近世後期に伊丹の有力酒造家が没落するのを尻目に急速に拡大し、銘醸地・伊丹の存続に貢献したのである。

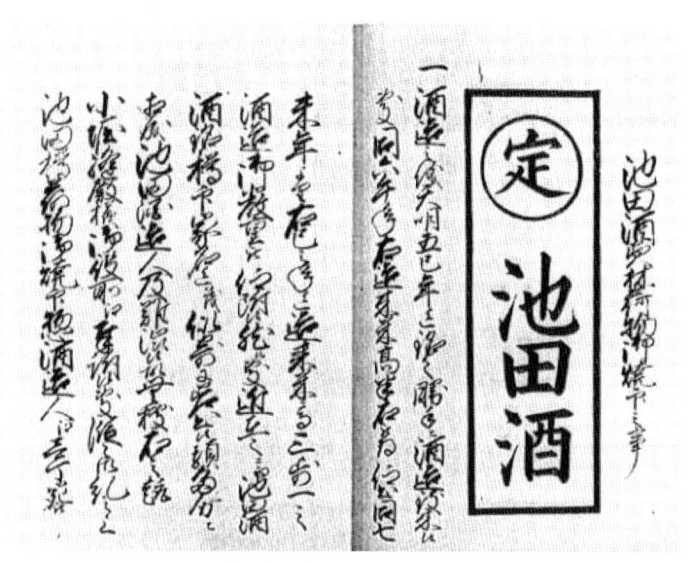

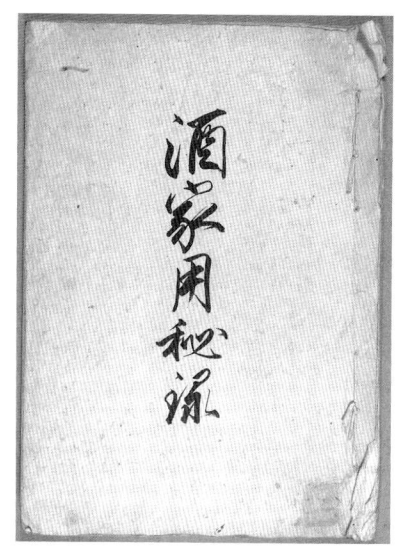

『酒家用秘録』（蝸牛盧文庫）　江戸後期（池田市立歴史民俗資料館所蔵）

2．池田酒の盛衰

「下り酒」もう一つの雄・池田酒

　大阪府と兵庫県の境界・猪名川を挟み、伊丹の対岸に位置するのが池田である。大坂高麗橋まで五里（約20km）の距離、後背地に山間部の能勢・川辺両郡、さらに奥は亀岡・篠山を抱える典型的な谷口集落で、近世には物資集散地として栄えた在郷町である。

　酒造業は丹波からやってくる米と杜氏、猪名川の伏流水を利用し盛んとなった。「猪名川の流を汲で、山水の清く澄を以つて造に因つて、香味勝て、しかも強くして軽し、深く酒を好者これを求む、世俗辛口酒と云へり」（『摂陽群談』）と芳醇・辛口で好まれ、しばしば伊丹酒と並び称された。池田を代表する酒造家大和屋は、「池田本町金五郎さんの、井戸の井筒は金じゃそな」と、富裕さがうたわれた。大和屋と双璧をなす満願寺屋の宝暦14年（1764）の書上に「二三百年来酒造」とあることから、池田酒は室町中・末期にまでさかのぼる可能性もあるが、遅くとも17世紀初頭には名産品となっていた（『池田酒史』）。

　池田では明暦3年（1657）の酒造家42軒・酒造株42株・酒造高13,640石が基本となり、1,100石の小部屋五郎兵衛を筆頭に1軒平均325石の株高があった。元禄10年（1697）の第三次株改めでは38軒のうち江戸積21軒、出荷高で満願寺屋九郎右衛門が2,939駄、大和屋十郎右衛門が2,870駄と集中化が進んだ。その一方で休造株が10株あり、正徳元年（1711）には酒造株63株のうち休株が32と過半に達し、宝暦14年には休株39、酒造高は全体で1万石前後に減少した。天明年間（1781〜89）には池田の江戸入津樽数は一挙に半減し、全体に占める割合は5％にも届かなくなった。

池田酒と「御朱印特権」

　この間、池田酒造家内部では、満願寺屋の没落と大和屋の独占が進んだ。明和7年（1770）頃には、大和屋一統で池田村の酒造高全体の過半を占めた。これを象徴する事件が、池田村を揺るがした明和年間（1764〜72）の御朱印一件である。発端は満願寺屋が大和屋から借りた借金問題で、満願寺屋は御朱印は自家に下付されたものと主張して、家の存続と分割返済を願い出た。この主張は奉行所によって否定され、朱印状の真偽問題にまで発展、御朱印は池田村から召し上げとなった。

　この御朱印は、慶長19年（1614）の大坂冬の陣で暗峠に在陣中の徳川家康に、「池田名酒」を献上した見返りとして拝領したものである。これにより池田村は「御朱印特権」を獲得したとされる。十二斎市の特権により仲買商売で資本を蓄積した

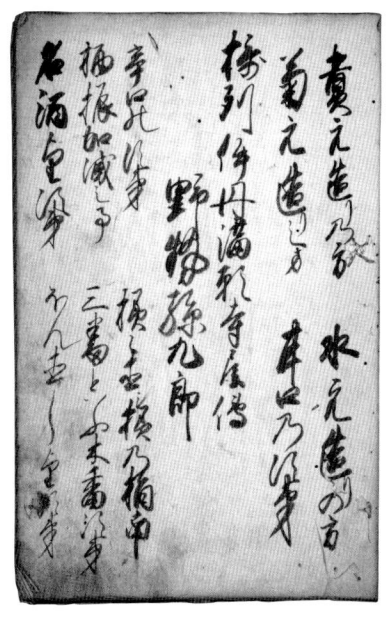

『伊丹万願寺秘方』 江戸時代（ケンショク「食」資料室所蔵）

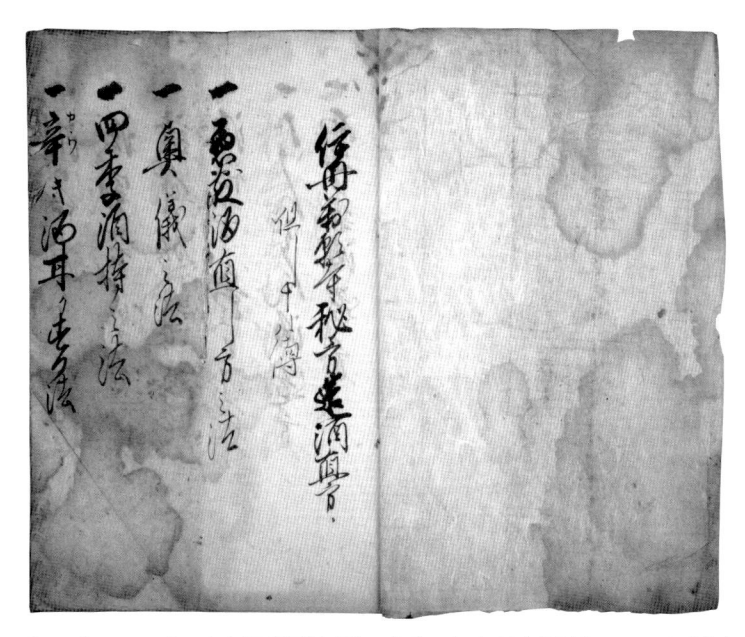

『摂州伊丹万願寺屋伝』（野勢孫九郎）　寛政13年（1801）写（ケンショク「食」資料室所蔵）

ことが、池田で酒造業が発達した一因と考えられる。朱印状の召し上げは、池田酒を支えてきた特権の剥奪を意味する重大事であったのである。

足で負けた池田酒

だが池田酒に衰退をもたらしたのもまた、「御朱印特権」であった。なぜなら輸送面において、マイナスに作用したからである。元和7年（1621）に馬借所（公的な人馬継立て地）に指定された池田の馬持仲間は、池田村商人の荷物を独占的に取り扱った。池田周辺の流通については、早くから猪名川の水運を利用した猪名川通船の申請が出されてきたが、馬借はことごとく反対した。

そのため池田酒は牛馬によって神崎などへ津出しされ、小廻し（30石積小型廻船）で安治川または伝法へ、そこから樽廻船に積まれ江戸へ海上輸送された。運賃は池田―伝法で銀41匁5分、伝法―江戸で70匁と、伝法までに輸送コストの3分の1以上を費やした。この方式には積み替えに要する経費と労力に加え、輸送日数がかさみ酸敗のリスクものしかかる。にもかかわらず、元禄9年の猪名川高瀬船の申請には池田村が全村的に拒否し、安永9年（1780）に至っても池田村酒造仲間は池田川（猪名川）通船願いに今後も反対することを申し合わせた（蝸牛盧文庫）。

内陸に位置する池田・伊丹は、海岸沿いに立地して江戸積みの廻船を直接利用できる灘目に比べ、輸送面で圧倒的に不利であった。伊丹が酒造家仲間を組織してその状況を打開する工夫をこらしていたことは前述したが、池田は特権にしがみつき、改善の努力を怠った。このことが、池田酒の衰退を招いたといえよう。

だからといって、池田の酒造家を一蹴するのは早計である。文政8年（1825）に幕府が勝手造り禁止へかじを切ると、池田村酒造人は酒造株高の約半分を灘へ「出造り株」または「出店株」「寄せ造り株」とすることを申請した（稲束家文書）。「出造」とは酒造株を貸与して毎年一定額を徴収するもので、酒造経営の一切は貸与先に委託された。上記申請は認められ、御影村と契約し、酒造株高の半数を超えていた休株が年間銀18貫余の収入源へと変貌した。

これ以後、明治4年（1871）に政府が鑑札制度を導入して旧来の酒造株を否定するまで、池田の一部の酒造家は灘方面への貸株によって収益と造り酒屋の体面を保つことになる。別の見方をすれば、幕府の酒造統制策を捉えたしたたかな戦略であった。近代以降、池田酒造家は金融業・不動産業などに転身していった。現在、かの地で酒造り

木村蒹葭堂の「みかん酒」引き札　江戸時代（中尾松泉堂書店提供）

を行っているのは呉春1社のみとなっている。

酒造業と文人墨客

　酒と文化は切っても切れない関係にある。ともに経済的・時間的余裕が母体となるケースが多いからである。酒造業で繁栄した伊丹・池田には、『日本外史』で知られる儒学者の頼山陽（1780～1832）、文人画家の田能村竹田（1777～1835）、俳人与謝蕪村の高弟・川田田福（1721～93）、四条派を開いた画家の松村月渓（呉春）（1752～1811）など（14・15頁）、多くの文人墨客が集まった。

　酒造家は彼らのパトロンであり、自らも文化人であった。伊丹の上島鬼貫（1661～1738）は俳人として松尾芭蕉に比肩され、池田の荒木蘭皐（1717～67）・李谿（1736～1807）父子は懐徳堂などの当代一流学者と交流し、漢詩その他で池田文化を牽引した。本草学者にして画家・詩人、珍奇な品々を集める収集家と多彩な顔を持つ近世大坂の"知の巨人"木村蒹葭堂（1736～1802）も、通称・坪井屋吉右衛門という北堀江（大阪市）の酒造家であった。蒹葭堂が製造した「みかん酒」は中国人に称賛されるほどで、『日本山海名産図会』では伊丹酒に多くの紙幅を割いたのも合点がいく。

　文化に連なる遊び心も、酒と親和的である。伊丹酒を好む人々が口ずさんだ「イタミノサケケサノミタイ」とは、上から読んでも下から読んでも「伊丹の酒、今朝飲みたい」となる言葉遊びだった。懐徳堂の中井履軒（1732～1817）がつくった「聖賢扇」も痛快である（10頁）。扇の表面には和漢の賢人・学問を連ね、裏面には各種の酒の批評を載せた。表裏は対応し、孔子・孟子は「称賛に詞なし」という「伊丹極上御膳酒」になぞらえられた。儒学者の荻生徂徠（1666～1728）・太宰春台（1680～1747）は鬼ころしに見立て、「あらき計にて酒ともおもほらず」と手厳しい。脱権威主義的で批判精神旺盛な履軒の、面目躍如というべきか。

3. 灘の生一本

灘酒の台頭

　昔は摂津・伊丹を酒の最上とし、今も酒造家多しと雖ども、近年は灘目の酒を最上とす、灘目とは大坂西方の近き海湾を云、池田も昔は伊丹に次げり、今は甚だ衰へたり、然れども伊丹・池田・灘等を専とし、尾参等を中国物と云い之に次ぐ、其他の国製を下品とす（『守貞漫稿』）

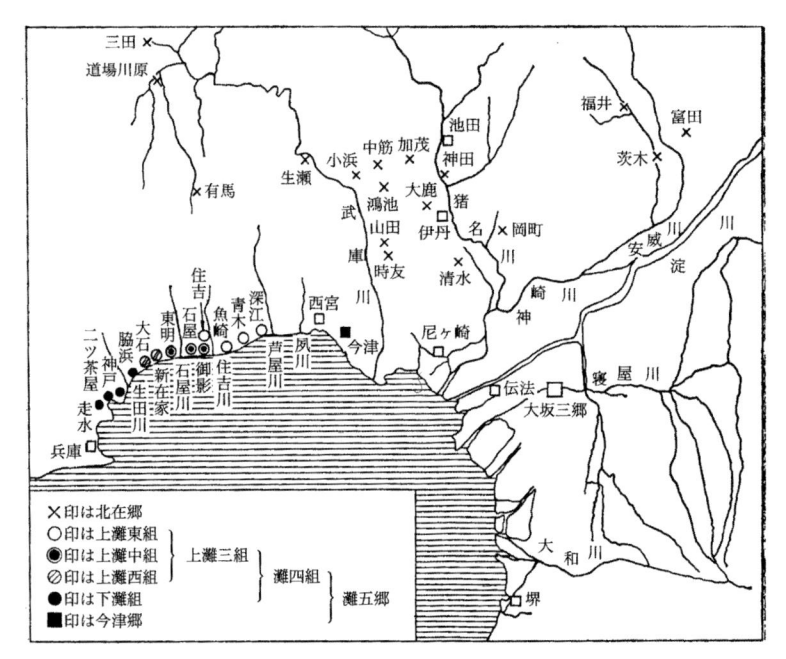

〔図1〕摂泉十二郷の地域図（柚木学『酒造りの歴史〔新装版〕』より転載）

　近世後期以降、伊丹・池田を凌駕して日本の酒造業界を技術・販売量両面から圧倒したのが灘である。灘目とは灘の周辺といった意味で、東は武庫川口より西は生田川に至る、阪神間の海岸線に位置する上灘（菟原郡）、下灘（八部郡）を指す。近世前期の下り酒は、元禄10年（1697）の株改めで結成された大坂三郷・伝法・北在・池田・伊丹・尼崎・西宮・兵庫・堺9郷の株仲間が独占した。この江戸積酒造株体制に天明年中（1772〜89）、灘三郷（上灘・下灘・今津）が加わり、江戸積摂泉十二郷が成立する（図1）。天明5年には江戸に入津する酒の総量のうち46.6％に上る2.3万キロリットルを灘三郷が送り出し、文化14年（1817）には過半を占めた。

灘酒を浮上させた水

　「灘の生一本」と呼ばれる名酒が生まれた要因はいくつかある。弘化・嘉永期（1844〜53）の魚崎郷の酒造家岸田忠右衛門も、「西宮の井水、摂播の米、吉野杉の香、丹波杜氏の技倆、六甲の寒風、摂海の温気相合し、相凝りてその特長を化成す」と分析している。

　なかでも重要なのは、宮水であろう。西宮と魚崎で酒造業を営む桜正宗の6代目山邑太左衛門は、西宮蔵が酒質に勝れることを不思議に思い、両蔵の杜氏・麹・醸造方法など、条件を少しずつ変えながら比較実験を重ねた。その結果、仕込水に原因があることを突き止めた。これが宮水の発見、天保11年（1840）のことである（『灘酒沿革誌』）。

　これ以後、宮水の名声は世に広まり、「水屋」という宮水の運搬業者も登場したほどであった。「女酒」と呼ばれるまろやかな伏見酒が軟水に由来するのに対し、硬水の宮水はしっかりした辛口の「男酒」を醸した。昭和2年（1927）などに行われた科学的調査では、トリ貝層から湧出する宮水には麹菌や酵母の繁殖を助長するリン酸塩や、酵母の養分となるカリウムが豊富で、酒にとって大敵の鉄分が極めて少ないことが判明している。

　もう一つの主原料である米にも、高品質・大量生産の秘密があった。灘では芦屋・住吉・石屋・都賀・生田の六甲山系の急流を利用し、水車精米をいち早く実施した。天明8年（1788）の調査によると、菟原郡18村に73輌の精米水車が設置されていたという。旧来の足踏み精米では92％（玄米の重量の8％を削る）程度だった精米歩合が、水車精米により85％を標準とする高度精米が可能となった。しかも精米の大量化と労力の大幅な削減にもつながり、灘酒の圧倒的な生産力を支えた。

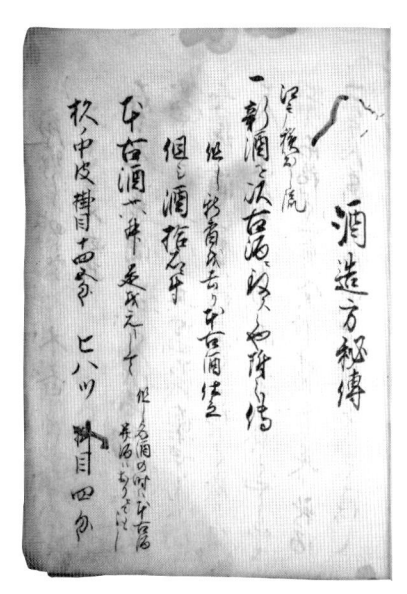

『酒造家心得(秘事口伝)』(大坂屋三弥右衛門) 江戸時代 (ケンショク「食」資料室所蔵)

『酒造得度記』(磯屋、宗七) 享保5年(1720)刊 (ケンショク「食」資料室所蔵)

寒造りの千石蔵

　技術面では、寒造りへの集中化が特筆される。『日本山海名産図会』によると、仕込時期の早い順に「新酒、間酒、寒前酒、寒酒」の4種があり、寒い時期に造る酒ほど良質で高値が付くという。寛文7年(1758)には秋彼岸に造り始める新酒の醸造が幕府により禁止され、文化2年(1805)に増株許可、翌年に勝手造り令が出されたため、限られた醸造期間で効率よく大量に生産する必要があった。そこで灘は、中冬〜立春の約90日間で造る寒造りに特化した。

　寒造りは酒母・醪の品温経過がとりやすく、空気中や仕込水に雑菌が少ないため汚染されにくい。一方で酒母育成に菩提酛の6〜7倍、間酒造の水酛の2倍の日数を要することが難点であった。だが乳酸菌を増殖させて育成する生酛方式により、寛政期(1789〜1801)には30日前後かかったのが、文化・文政期には23日、さらには19日にまで短縮された。これにより相対的に醪の仕込期間が延長され、酒造期間の100日前後への短縮と量産化に成功した。

　醪の仕込では麹米に高精白米を使用、麹歩合を現在に近い低さに押さえ、汲水歩合も嘉永年間(1848〜54)には丹醸の2倍に達した。蒸米10石に対して汲水10石を標準汲水歩合として定着させ、"のびのびのきく灘酒"を実現した。

　また仕込量も増大し、文化・文政期の灘では千石蔵が一般化した。千石蔵では作業場所が分化し、工場制手工業方式が確立した。吉野杉を用材とする30石の醪仕込用大桶に代表される、大型の生産用具も使用されるようになった。

　地理的条件も当時の技術・輸送にマッチした。いわゆる六甲おろしの乾燥した寒風が、寒造りに適していた。農閑期の出稼ぎ労働者によって組織される杜氏集団は丹波より招いたが、寒造り・大量生産で利益を上げる灘は他所より恵まれた労働条件の提示が可能で、優秀な杜氏を確保することができ、良質の酒を産してさらに潤う好循環にあった。また海岸沿いの立地が、輸送面で伊丹・池田に比して有利だったことは前述した。

勝手造り(きもと)の時代

　自然的・技術的要因のほか、幕府の酒造統制策が灘酒の発展に寄与した。宝永6年(1709)に厳しい酒造統制が解除され、宝暦4年(1754)には勝手造りが許可された。これを契機に、享保9年(1724)に「灘郷」が江戸積酒産地として初めて登場した。勝手造りは天明5年(1785)に停止され、この年の造石高が「永々の株」として以後の基準に定められた。これによると上灘・下灘は、酒造家総数120軒、造石高141,762石で、1軒あた

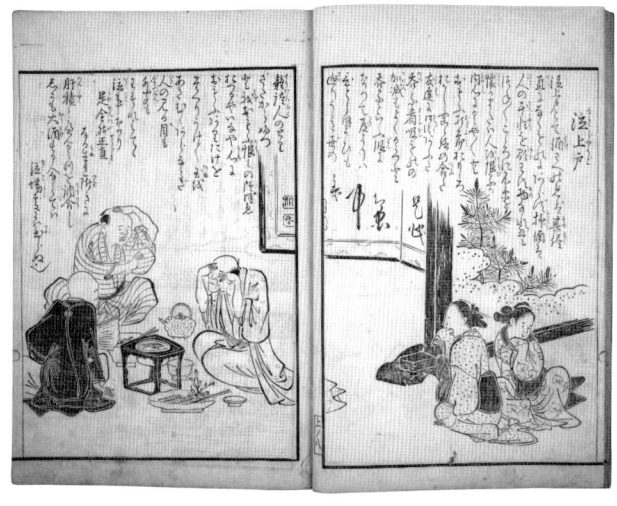

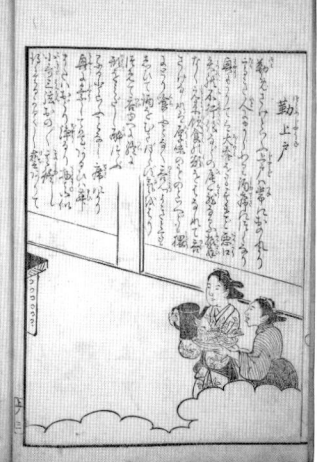

泣き上戸（左）に勤め上戸（右）『津きぬ泉』（岡田玉山画）　文久元年（1861）刊（ケンショク「食」資料室所蔵）

り千石を超えた。

　灘酒の台頭は、旧来の酒造地域を圧迫した。そこで灘三郷を包摂した摂泉十二郷酒造仲間が天明年間に結成され、大坂三郷酒造大行司が触頭として利害調整に当たった。さらに寛政の改革（1787〜93）の下、灘酒への統制が強まる。これまで酒造仲間の反対で定着・実現しなかった酒税賦課が、寛政4年（1792）、上灘・下灘のみを対象に酒株千石につき銀129匁の冥加金が賦課された。江戸積入津量も天明期の60〜80万樽から30〜40万樽に規制され、総入津高に占める灘目の割合が4割から3割に減少した。

　しかし文化3年（1806）、続く豊作と米価下落のため、幕府は再び酒造勝手造り令を発令した。これが文化・文政期に灘酒がさらに飛躍する引き金となる。勝手造りは全国的に酒造を活発化させ、文政4年（1821）には江戸入津樽数が122万4千樽と近世最多に上ったが、4年前に占有率5割を突破した灘目が55.6％、摂泉十二郷で92.8％を占めた。なかでも成長著しい御影村は、天明5年に18,847石だった酒造高が文政8年には37,892石と倍増、そのうち嘉納一族が7割を占め資本を集中させた。

　だが一方で江戸の市場は供給過剰となり、酒価暴落を招いた。酒造仲間は自主規制を始め、文政7年には摂泉十二郷で積荷規制と減醸を行い、酒価は15〜16両から22〜23両に騰貴した。これは不当な釣り上げとして、幕府の取り締まりにあった。文政11年の酛始め・掛始め時期申し合わせには御影・東明両村が反対し、上灘が東組（中心は魚崎）・中組（同御影）・西組（同新在家・大石）に分裂するきっかけとなった。なおこの3組に下灘・今津を加えたのが近世の灘五郷である。

灘酒の消長

　文化3年の勝手造り令を契機に、江戸積酒造業がめざましく成長した。灘目の急速な発展が新旧株仲間や上灘郷内部の対立を深め、幕府もそこに加担していく。天保3年（1832）の新規株交付により、灘五郷の株高が摂泉十二郷のその他9郷を上回った。しかしこの辰年御免株はむしろ灘を抑制し、十二郷内の不均衡を調整するものだった。株交付に際して、灘五郷の皆造（株高いっぱいの酒造）禁止、十二郷の申し合わせ遵守が確認された。江戸積高の制限は伊丹・西宮に比べ灘五郷に厳しく、新規株への冥加金は灘五郷にのみ課せられた。これが天保期の灘酒停滞の第一歩となった。

　天保の飢饉では、辰年御免株を基準とする三分の一造り令が出されたが、灘五郷のみが株高の1割近くにまで抑制された。天保の改革の株仲間解散では、辰年御免株で既に不均衡が是正されたとして対象外となった。天保期の灘五郷は摂泉十二郷酒造仲間の江戸積体制に包摂され、文化・文政

『竹取物語』のパロディー 『酒取物語』(平亭銀鶏、梅斎芳春画) 文久元年(1861)刊(ケンショク「食」資料室所蔵)

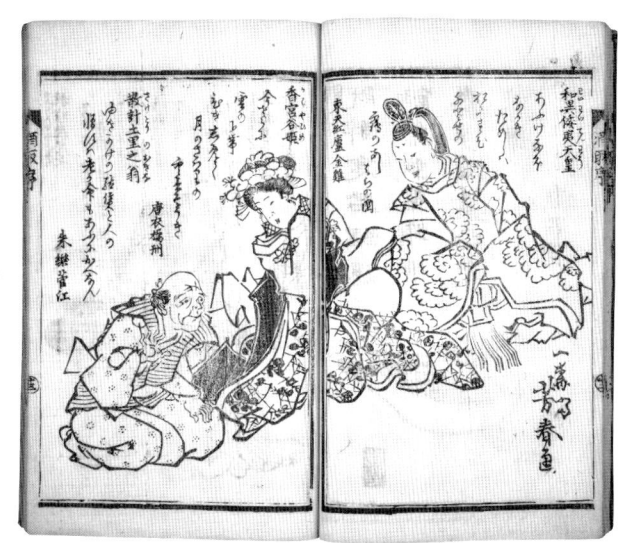

期のような株高を超える酒造石高の増大は困難となった。

また江戸からの酒代滞納が、酒造家の資金繰りを圧迫した。江戸問屋との交渉は大坂三郷大行司が一手に握ったため、灘五郷は所属する摂泉十二郷に対して不満を募らせていった。商取引慣行を自主的に改善したい灘五郷と、旧来の酒造地域である9郷は歩み寄ることなく、幕府の崩壊とともに酒造仲間も事実上解体した。

その間、灘目内部では上昇する魚崎村、停滞を続ける御影村、没落する大石村と下灘といった格差が生じた。天保から明治初期にかけて、灘目では株高1万石以上の酒造家が3軒から5軒へ増加し、集中化が進んだ。特に魚崎村では赤穂屋市郎右衛門と荒牧屋(山邑)太左衛門が1万石所持、軒数は23から15へ減と最も顕著で、御影村は明治元年に嘉納治兵衛(白鶴)・同治郎右衛門(菊正宗)で計3万石と嘉納一族への集中が続いた。

明治19年(1886)、東組・中組・西組3郷と、天保期に発展した今津郷、西宮郷からなる灘五郷により、摂津灘酒造組合が結成された。近代の灘五郷の酒造家は大規模資本のもとに徐々に淘汰されたが、引き続き日本の酒造業の中核を担っていった。灘の酒造技術は伝統を守りながら近代化を図り、各地の酒蔵にも導入されていった。わずかな生産量に過ぎない品評会用吟醸酒のために名声を貶められた時期もあったが、市場の需要に応えることを第一に、今日まで高品質の酒を安定的に供給し続けている。

Ⅱ　江戸を席巻する「下り酒」

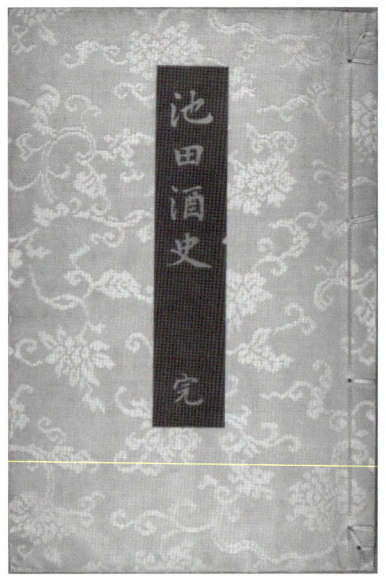

コラム　待兼山と『池田酒史』

本井優太郎

『池田酒史』（池田市教育委員会所蔵）　　待兼山の大正天皇行幸碑（大阪大学豊中キャンパス）

　現在、大阪大学豊中キャンパスがある待兼山の頂上に碑が立っていることを知っている人はあまり多くないだろう。この碑は、大正8年（1919）11月に摂津・播磨で陸軍特別大演習が行われた際、大正天皇が統監として待兼山を訪れたことを記念し、大正10年11月に豊能郡によって建立されたものである。豊能郡にとって、大演習と行幸は文字通りの一大イベントだったのである。

　ところで、この大演習と池田酒には、実は深い関係がある。大演習にあたって、当時池田在郷軍人分会会長であった北村儀三郎が、地方の史蹟について御前講演を命じられ、11月14日に講演を行っている。そして、これを記念して作成されたのが、『池田酒史』なのである。

　『池田酒史』の編纂には、池田史談会があたった。池田史談会とは、池田近隣の地理・歴史の研究を目的として、池田の旧家・宮司・町長らによってつくられた組織である。史料は、素封家として名高い稲束家の第10代当主で、史談会の会員でもある稲束芝馬太郎が所蔵する文書が主に用いられたほか、同じく会員の森万太郎からも提供された。9月15日に調査が開始され、早くも10月10日には編纂が完了している。11月に特製と並製の2種類が作られた。帙入の和本である特製版は、皇室と皇族への献上本とされた。池田の酒造史料を現在にまで伝える貴重な成果が、大演習を契機に生れたのである。

　『池田酒史』は、「総説」、「池田酒造の沿革」、「交通」の3編からなり、最後に北村儀三郎による講演の原稿などが収められている。しかし、伊丹の醸造高については「実に微々たるもの」ときわめて低く評価しており、後に伊丹の酒造家である岡田利兵衛から抗議を受けている。また、編纂期間が短かったため、稲束家や森家以外が所蔵する史料はあまり参照されていない。講演に間に合わせるための「突貫工事」が、かえって『池田酒史』の質を落とす結果をもたらしてしまったといえよう。

　ただし、これらの問題点については池田史談会も認識していた。巻頭の「例言」には、「史料の収集と分析が思うようにいかなかったため…他日の修正を期したい」と記されている。戦後における池田小西家の酒造史料の発見は、その「修正」の端的な例であり、史料を執念深く追跡することの大切さを物語るエピソードといえよう。

最初の赤玉美人ヌードイラスト広告　大正9年（1920）（サントリー提供）

Ⅲ　洋酒製造・普及の最前線

久野　洋・伊藤　謙

中之島のビアホールアサヒ軒（アサヒビール提供）

　今日の日本では、多種多様なアルコール飲料が飲まれている。しかも料理やシーンに合わせて酒類が選ばれ、酒の楽しみ方も広がっている。このような豊かな飲酒文化は、近代に流入した洋酒が普及・定着し、日本の食生活・食文化と融合したことに一因があるだろう。洋酒が普及する上で、大阪が果たした役割を見過ごすことはできない。

　日本のビール産業は、横浜の外国人居留地で産声を上げたが、日本人では明治5年（1872）に堂島（大阪市北区）で開業した渋谷庄三郎（1821〜81）を嚆矢とする。明治22年には堺の酒造家鳥井駒吉（1853〜1909）が大阪麦酒を設立し、当時の最新設備を備えたビール工場を吹田村に建設した（現アサヒビール吹田工場）。同じ頃、日本麦酒や札幌麦酒（現サッポロビール）、ジャパン・ブルワリー（現キリンビール）といった、現在に続く有力会社が設立された。これ以後、ビール業界は幾多の統合・再編を経て、寡占市場を形成した。昭和38年（1963）、大阪を拠点とする「洋酒の寿屋」がサントリーと名を変え参入し、現在の4大メーカーが出揃うこととなる。

　ワインは当初、ヨーロッパ産の葡萄酒に甘味料などを加えた混成酒として、日本では製造・販売された。そのうち寿屋が発売した「赤玉ポートワイン」が、大正期を中心に全国的にヒットした。この裏には、社長鳥井信治郎（1879〜1962）のブレンドの妙と、大胆で斬新な広報活動があった。

　本章では、大阪麦酒吹田村醸造所の操業、寿屋の「赤玉ポートワイン」の製造・販売戦略を中心に取り上げ、大阪を発信源とする洋酒普及の動向を紹介したい。

日本人が初めて製造・販売した「渋谷ビール」のラベル　明治5年（1872）発売（アサヒビール所蔵）

1．巨大ビール工場の出現―吹田村醸造所―

日本ビール醸造の黎明

19世紀後半、ヨーロッパ諸国の海外進出に伴って、ビールは世界中で流通しつつあった。日本最初の商業用のビール醸造所が造られたのは、開港地横浜に設けられた外国人居留地である。明治2年（1869）、ドイツで醸造法を学んだアメリカ人コープランドが横浜の山手に醸造所を建設し、品質に優れたビールを生産した。初期の日本ビール産業を担ったのは、外国人の事業主・醸造家であった。以後、文明開化の進展とともに、ビールは日本において急速に拡大していく。

ただしこれに先立ち、日本人で初めてビールを醸造した者がいる。蘭学者の川本幸民（1810～71）である。摂津国三田藩医の三男として生まれた彼は、蘭方医学や理学を学ぶ一方、緒方洪庵とともに和蘭語文典を完訳するなど語学に才能を発揮した。日本で初めて「化学」という訳語を使用した人物として知られる。川本幸民は、現在の専門家も驚くほど精緻なビール醸造法が載る『化学新書』の原書を訳しており、学問的に裏付けられたビールを醸造したと考えられる。だがいまだ実験的な自家醸造の域を出なかった。

日本人初の「渋谷ビール」

さて明治5年、大阪府におけるビール生産は240石・総額600円を計上している。この年の全国のビール造石高は不明だが、全国で1,050石に上った明治16年（1883）に仮にあてはめても、大阪だけで5分の1以上となる（稲垣眞美『日本のビール』）。では明治初期、このように盛んに展開していた大阪のビール事業にはどんな事情があったのだろうか。そこには、ビール製造を積極的に担う旺盛な民間活力があった。そしてこれは大阪のビールの歴史に見い出せる特徴でもある。

明治初期日本のビール事業は、開拓使ビール（現サッポロビール）など、主に政府の官営事業として出発した。大阪でも当初、明治4年に政府が設置した開商社（通商司の支所で貿易事務や金融の仲介を掌る）でビール製造が計画されたものの、この計画は、理由は不明ながら中止となる。これを引き継いだのが、同社の頭取並であった渋谷庄三郎である。

渋谷家は摂津桜井谷村（豊中市）出身で綿商を代々営む富豪で、父庄兵衛は酒造業を兼業し、庄三郎も明治に入り様々な新規事業を興した事業家であった。明治5年3月、渋谷庄三郎はアメリカ人技師フルストの指導の下、堂島にあった土蔵を利用して「渋谷ビール製造所」を開設、渋谷ビールを醸造した。これが日本人による初の商業的ビール製造であった。

技師フルストは一年足らずで帰国してしまうが、その間に渋谷家番頭の金澤嘉蔵が醸造主任としてビール醸造に通暁したという。短期間で醸造

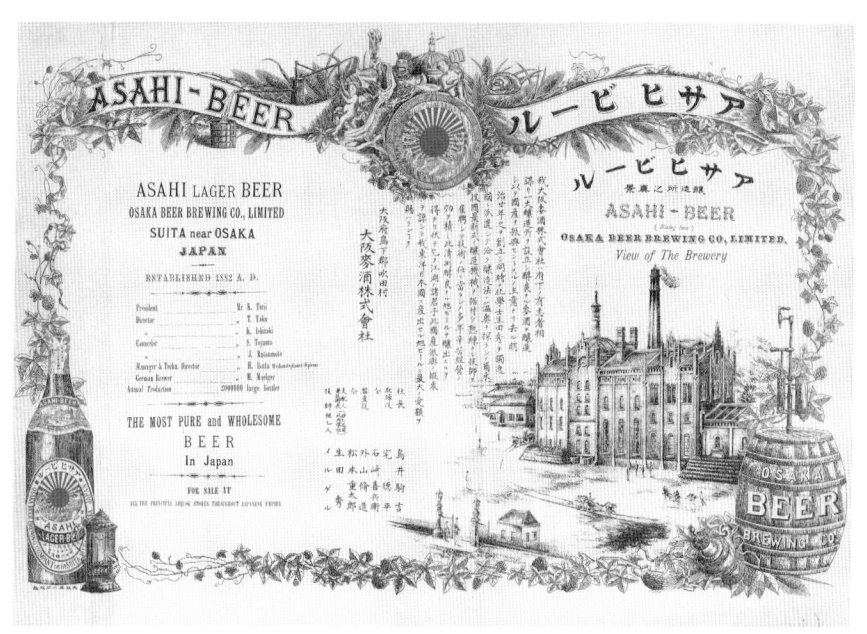

大阪麦酒株式会社案内チラシ（アサヒビール所蔵）

技術を飲み込んだ金澤はこれ以後、日本最初のビール技師として活躍した。渋谷ビールに続いて大阪で発売された「浪速麦酒」（1881年）・「大阪ビール」（1882年）・「朝日ビール」（1884年）・「エビスビール」（同）などは、金澤嘉蔵の手によるものか、あるいはその流れを汲むものであった（16頁）。

だが渋谷ビールの売れ行きは芳しくなく、渋谷家の家産は傾いていった。明治14年、渋谷はついに醸造を断念し、傷心のなか死去した。金澤が関わったその他のビールも、明治20年代初め大阪麦酒株式会社の登場と入れ違いに消滅していった。

ビール醸造の技術革新

ところで日本のビール産業にとって、明治20〜21年とは画期であった。この時期、日本酒の造石高は松方デフレや洋酒の流行などにより急減しつつあったのに対し、ビール消費量は急激な伸びを示す。この頃、日本人の間でビールが広まり、日本のビール市場は急成長しつつあったのである。明治18年には「キリンビール」のジャパン・ブルワリー（21年醸造開始）、20年には「恵比寿ビール」の日本麦酒、「札幌ビール」の札幌麦酒といった有力な大会社が相次いで誕生した。

この背景には、ビール製造の技術革新があった。これまでの製法は、常温で発酵する酵母を使用した上面発酵方式であり、イギリスのエールやスタウト、金澤が手がけたビールも上面発酵であった。だが19世紀後半、ドイツで低温工学が急速に発達し、8〜12℃の低温で発酵・貯蔵し熟成させる下面発酵のラガービールが誕生する。低温で雑菌を抑制する下面発酵は上面発酵より安全で、またたく間に世界に広がった。現在のビールの主流である淡色のピルスナーも、下面発酵方式である。

冷却機・製氷機など最新の冷蔵設備を不可欠とする下面発酵が、急速に成長する日本のビール業界にもたらされた結果、日本のビール事業は最新設備と大資本を要する、近代的なものへと変貌を遂げたのである。このようななか、関西における需要の中心地大阪で「大阪麦酒株式会社」設立の計画が浮上したことは、自然な流れであった。

大阪麦酒の設立

大阪麦酒会社の設立に乗り出したのが、鳥井駒吉（1853〜1909）であった。駒吉は当時、堺酒造業界の最有力者で、同時に府会議員を務め阪堺鉄道（現南海電鉄）の起業に奔走した政治家・企業家である。将来の輸出可能性、無税の事業環境に魅力を感じてビール事業を構想し、阪堺鉄道設立で共同した大阪財界の重鎮である外山脩造と松本重太郎、次いで石崎喜兵衛や宅徳平など灘や堺の酒造業者たちを巻き込んだ。関西財界の有力者に

Ⅲ　洋酒製造・普及の最前線

大阪麦酒会社と生田秀との契約書（アサヒビール所蔵）

辞令　明治24年（1891）（アサヒビール所蔵）

加え、江戸時代からの酒造地である灘や堺の酒造家・素封家らが結び付いたことは、商都として栄え、酒造業の中心でもあった上方の特徴を示すものだろう。

こうして明治20年10月26日、大阪麦酒創立の発起人会が開かれた。大阪に近代的なビール醸造会社を起こして、年々増加する洋酒・ビールの輸入を防ぎ、国産の振興を図ることが設立の趣旨であった。日本で前例のない、資本集積による近代的工業生産、それによる良質なビール量産と「輸入防遏・国産振興」を目指したのである。同22年11月、大阪麦酒は資本金15万円で正式に創立した。初代社長に鳥井駒吉、取締役に宅徳平・石崎喜兵衛、相談役に外山脩造が就任した。

生田秀のドイツ留学

さらに鳥井駒吉や外山脩造は、本格的なドイツ式ビール造り実現のため技術指導者となる者をドイツへ向かわせることにした。そこで派遣されたのが生田　秀（ひいず）（1857～1906）である。ドイツで最新の機械・技術・経営などを調査した生田は、後の"東洋のビール王"馬越恭平に「ビール醸造界の権威」と言わしめた人物である。

明治21年4月に日本を出発した生田は、7月にミュンヘン郊外のヴァイエンシュテファン醸造学校（現ミュンヘン工科大学）に入学した。約9ヶ月間で醸造学を学び、当時最新のビール酵母の純粋培養法と酵母の分析法を習得するかたわら、各地のビール工場を訪れ最新鋭のビール醸造設備や機械を視察した。洋行中に生田が執筆した報告書からは、各種製造設備や使用原料の調達方法から工場建築の設計、交渉ノウハウなど経営知識に至るまで、精力的に学んでいることが分かる。

吹田村醸造所の完成

明治22年5月、任務を終えた生田は、パリを経てマルセイユから出航、翌月に帰国した。ドイツで調査した工場立地の報告と照合し、吹田の地が水質や水陸運輸その他の面において適地と断定した。9月、大阪麦酒は吹田村に工場用地約14,000m²を購入し、翌年8月から醸造所建設を始める。

吹田村醸造所の建築基本設計は、ドイツの建築デザインを忠実に再現した洋風建築の煉瓦工場、実地設計は内務省技師で明治期の近代建築をリードした妻木頼黄（よりなか）によるものだった。機械装置は、生田と縁故のある高田商会を介して、ドイツのゲルマニア社から購入した。製麦場・醸造場・汽罐場・冷凍機械場からなり、合計約9万円が費やされた。また技術長生田秀のもと、2人のドイツ人醸造技師に任せる生産体制をとった。

こうして24年末、日本人の手による初めての近代的ビール工場が操業を開始した。ここに、それ

第四回内国勧業博覧会大阪麦酒パンフレット　明治28年（1895）（アサヒビール所蔵）

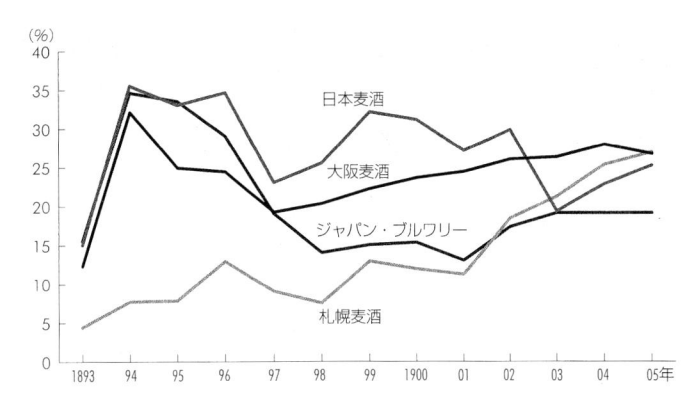

〔図2〕主要4社のビール市場シェア（明治26〜38年・1893〜1905）（『アサヒビールの120年』より）

までのどかな農村であった吹田の地に、当時としては最先端の機械設備と建築デザインを備えた近代的工場が誕生したのである（17頁）。

好調な「旭ビール」

明治25年5月、吹田村醸造所でつくられた「旭ビール」が発売された。これ以前、大阪には金澤嘉蔵が関わった「朝日ビール」があった。製造元の小西儀助商店は、大阪麦酒が本格的な設備でビール製造を始めると聞き、その銘を譲ったとされる。発売挨拶状では、最先端の技術と設備を動員した「清洌醇良なる旭ビール」の優れた品質を謳い、「輸入防禦・国産振興」が強調された（18頁）。

旭ビールは好評を博し国内外の博覧会・品評会でも多数の入選・受賞を果たした。販売開始の翌年に開かれたシカゴ世界博覧会では早くも最優等賞を獲得、明治28年第4回内国勧業博覧会では販売所を設け、会場の京都まで鉄道で1時間半という至近から生ビールを提供した。30年には中之島の大江橋南詰で常設ビヤホール「アサヒ軒」の第1号店の開設や、日本初のビン入り生ビールの発売も行っている。

このように旭ビールは発売当初から高い評価を得、発売から半年ほどで需要に応じきれないほどになった。明治26〜30年の間に4度も工場を拡張し、資本金も明治29年7月に100万円に増資した。生産高も、30年度に札幌麦酒の2倍を越え、39年には実に初年度の32倍余りの3万8,600余石に達した。ところが、好調続きの大阪麦酒は、大日本麦酒への合併に参加してしまう。

大日本麦酒への大合併

明治30年代後半、ビール業界は過当競争の時代に入る。明治34年の麦酒税法施行により課税が始まり、資本力に劣る群小業者は淘汰され、大阪麦酒、日本麦酒、札幌麦酒、ジャパン・ブルワリーの主要4社の競争は激しさを増した。それにともなう資本費と営業経費の増加は、各社共倒れを誘発する程の状況になったのである（図2）。こうしたなか、ビール業界は再編へと向かう。

明治37年初夏、日本麦酒の馬越恭平、札幌麦酒の渋沢栄一・大倉喜八郎は、大阪麦酒を加えた3社合併によって局面を打開しようと、大阪麦酒の鳥井駒吉と交渉を開始した。3社首脳部の協議は、資産調査にもとづく合併比率の調整に難航したが、清浦奎吾農商務大臣が合同斡旋の労をとった結果、明治39年3月26日に資本金560万円の大日本麦酒株式会社が新たに設立された。社長には馬越が就任し、工場は東京府目黒と吾妻橋、札幌および吹田の4ヶ所となった。世界水準の技術と生

Ⅲ　洋酒製造・普及の最前線

大日本麦酒が製造した現在にも続く銘柄（「アサヒ」「ヱビス」「サッポロ」）（『大日本麦酒御案内』より）

産能力を備えた吹田村醸造所では、引き続き「アサヒビール」を製造した。

　大日本麦酒の登場は、大資本による装置産業としてのビール業の地位を確立させる歴史的な転機であった。大日本麦酒は、国内シェア7割を誇り、国際競争力を高めて海外市場に挑むという、新たな役割が期待された。こうしてビール事業は、原料・労務・営業などの全領域に専門知識と経営能力が要求される時代を迎え、一起業家では参入困難な事業となったのである。

　敗戦後の昭和24年（1949）、過度経済力集中排除法により大日本麦酒は朝日麦酒と日本麦酒（現サッポロビール）に分割されたものの、麒麟麦酒は同法の実行をまぬがれ、寡占状態は続いた。ウイスキーで財をなしたサントリーが割って入るのが関の山であったが、1994年の酒造法改正で小規模醸造が解禁され、ようやく門戸が開かれた。以来、各地にクラフトビール（地ビール）が叢生し、個性的なビールを世に送り出している。

（久野　洋）

2．「ポートワイン」の普及―鳥井信治郎の販売戦略―

道修町へ丁稚奉公

　「赤玉ポートワイン」をつくった鳥井信治郎は、明治12年（1879）1月30日に大阪の商家の次男として生まれた。腕白者であったが、小学校では成績優秀、飛び級で高等小学校へと進学した。信治郎が小学校に入学した頃には、父忠兵衛は両替商から米屋へと転向していた。信治郎は父の仕事を手伝いながら勉学に励み、北区梅田の大阪商業学校へと進学した。

　明治25年、13歳の信治郎は大阪道修町の薬種問屋小西儀助商店で丁稚奉公を始める。江戸時代、清やオランダからの舶来の薬を独占的に扱う薬種仲買仲間が結成された道修町には、日本に入る薬全てが持ち込まれ、全国に送り出された。現在でも、武田薬品工業、塩野義製薬、田辺三菱製薬など日本を代表する製薬会社や薬品会社が居を構える、薬の町である。

　小西儀助商店での丁稚奉公は、信治郎が寿屋を興す重要な端緒であったが、これには父忠兵衛の思惑が多分に働いたようである。つまり長男には本業の米屋を、信治郎には副業のサイダーやラムネ、そして当時の庶民に親しまれていたイミテーション・ウイスキーを任せようと考えていた。

　小西儀助商店は現在、木工用ボンドなど接着剤の製造で有名なコニシ株式会社として存続しているが、当時は漢方処方に配合される生薬類のみならず、舶来品の西洋薬やワイン・ブランデー・ウイスキーといった洋酒も扱う最先端の店であった。当時、大学病院では、ワイン10mlに、希塩酸1mlとシロップ10mlを加えて食前に患者に与えるのが一般的であった。服用により適度に胃腸が刺激され、食欲増進・虚弱体質改善の効能があ

寿屋の創業者・鳥井信治郎（サントリー提供）

住吉町（大阪市東区）の寿屋店舗前の従業員　大正3年（1914）頃（サントリー提供）

るとされていた。ワインなどの洋酒は薬用とされることが多く、薬種問屋が製造・販売を手掛けた。

　信治郎はここで洋酒の調合技術を習得し、製造・販売そして鑑定の方法についての知識も得た。信治郎の才能が開花し、多くの同業者が若干16、7歳の信治郎を引き抜きにきたという。信治郎の嗅覚は一際優れており、後年、ブレンドに卓越した才を発揮する「鳥井信治郎の鼻」は、この時に磨かれたといえよう。

ハイカラな寿屋洋酒店

　数年間の丁稚奉公の後、明治33年の父の死を契機に家へ戻り、兄が営む混成洋酒の製造・販売を助けることとなる。日清戦争後の景気の好転とともに、清国との交易も回復していたことから、信治郎は中国人向けの混成ワイン製造に着手する。混成ブドウ酒は、フランスやスペイン産の葡萄酒をベースに風味づけしたり、アルコールに砂糖や香料を混合したものだった。明治35年には寿屋洋酒店を名乗るようになり、経営も軌道に乗り、社員も増えていった（20頁）。しかし信治郎は、中国人向けの混成ブドウ酒のみに飽き足らず、次第に日本人向けのブドウ酒の製造・販売という夢が、頭をもたげてきた。

　その背景には、信治郎の舶来品好み、ハイカラ趣味がある。信治郎は純白のメリヤスシャツを羽織り、競技用の舶来自転車に乗るというハイカラな出で立ちで大阪の街を駆け回っていた。この姿を次男の佐治敬三（元サントリー社長）は、「今でいうなら、サーファー・ルックもしかねない青年」と表現している。信治郎のハイカラは、神戸に居留するスペイン人セレースとの交流の中でさらに磨かれた。ヨーロッパ風のエチケットや飲食物に親しみ、直輸入の優良ワイン、特にスペイン原産のポートワインを口にする機会をたびたび得た。

「赤玉ポートワイン」の誕生

　本場のワインの芳醇な味わいに感動した信治郎は、日本での優良ワインの販売を始める。しかし、売れ行きも評判も悪かった。これは当時の日本人の飲酒習慣・食文化が、ワインの風味と合わなかったことに原因がある。そのため「日本人の味覚に合った葡萄酒をつくる」必要があると考えた信治郎は、調合への確固たる自信のもと、甘味料や香料の配合を試行錯誤した。当時は粗悪な原料を用いた混成ブドウ酒が巷に溢れていたが、信治郎はスペイン産の優良葡萄酒をふんだんに用いて調合し、本物の素材に裏打ちされた日本人好みの味を追求した。

　明治40年のある夜、信治郎は「これや！」と叫んだ。自信を持って世に送り出せる製品が完成したのである。これ以後、信治郎は自信作を生み出すたびに、「これや！」が口癖になったという。

　有名無名を問わず混成酒が乱立した当時、信治

III 洋酒製造・普及の最前線

住吉町本社前の鳥井信治郎（サントリー提供）

寿屋大阪工場（大阪市港区）のラベル本貼り作業　昭和10年（1935）頃（サントリー提供）

郎は自ら作り出した製品を際立たせるために腐心した。手始めに、名前にハイカラな雰囲気を吹き込んだ。当時の代表的混成酒は、蜂印香竄葡萄酒（現オエノンが製造）や立馬印人参規那鉄葡萄酒（薬味酒の一種。中国酒に類似）といった銘柄だった。いかめしい漢字の羅列は、信治郎の目には古臭く映ったであろう。対して、日本人になじみ深い「赤玉」＝日の丸と、舶来物を想起させる「ポートワイン」を組みあわせた「赤玉ポートワイン」という名前に、信治郎の卓越したネーミングセンスが遺憾なく発揮されている。

こだわりぬいた赤

デザインに関して人並み外れた感覚を持っていた信治郎は、包装についても細心の工夫を凝らした。その最たるは、赤玉のラベルの赤色へのこだわりであった。印刷を担当した深尾精々堂の鶴見精一は、何度となく見本を作成しても納得しない信治郎に閉口し、注文を断ろうと幾度も悩んだと述懐している。しかし、信治郎の熱意に動かされ、信治郎の納得する赤色に辿り着いた。

赤玉の後光は「Red Ball」という細かい文字で構成し、包装紙の外張りラベルも網目状の浮き出し印刷にした。見た目のハイカラさだけでなく、偽造防止という実利面をも兼ね備えたデザインであった。

斬新な広告

味・包装ともに納得のいく「赤玉ポートワイン」を完成させた信治郎の熱意は、販売へと注がれた。その戦略は広告を大いに利用することであった。

明治40年、寿屋は初めての広告を大阪朝日新聞に掲載した。「洋酒鑵詰問屋、親切ハ弊店ノ特色ニシテ出荷迅速ナリ」とだけ書かれていた。葡萄酒の新聞広告は前代未聞のことで、「たかがブドウ酒の販売に新聞広告などだしたら、倒産するぞ」と同業者に揶揄されたこともあった。だが信治郎には、赤玉の販路を全国に広げる夢と自信があり、その実現には新聞広告の果たす役割が大きいと早くからにらんでいた。

赤玉の販売促進には、葡萄酒の効果効能を謳った。当時、葡萄酒を始めとする洋酒類は、嗜好品ではなく、薬用として飲用されていたことは前述した。信治郎もそれを踏襲し、広告を行ったのであるが、その手法は常ではなかった。明治44年、新聞掲載された広告には「滋養になる　一番よき　天然甘味　薬用葡萄酒!!　赤玉ポートワイン」というキャッチフレーズに、「身体ヲ強クシ社会ニ活動スル近道!!　今直チニ試シ給ヘ。必ズ血、肉、力、健康ヲ増進ス」「朝夕之れを飲用せば病気を未然に防ぎ、常に健康を保ち、元気旺盛、故に長寿する事疑いなし」と続けた。

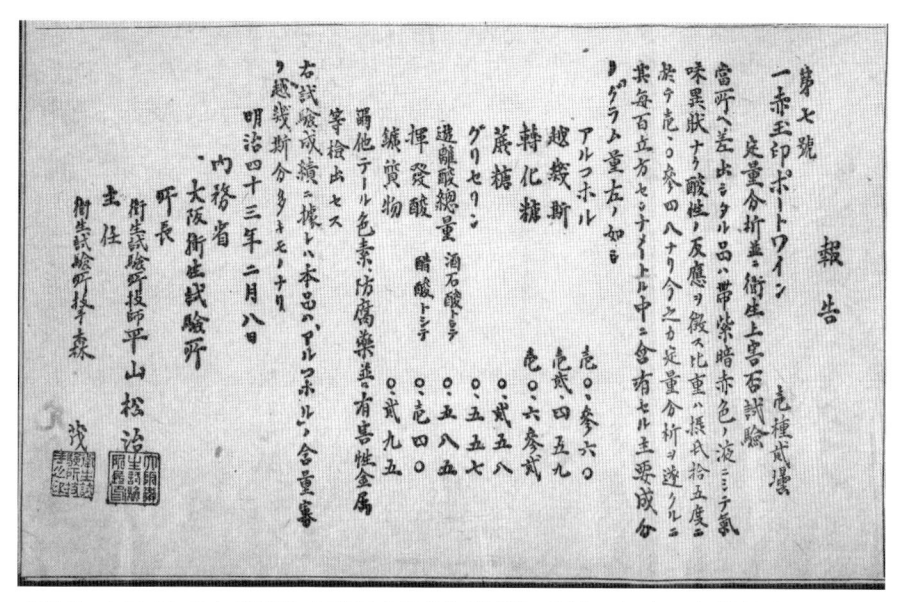

赤玉ポートワインの有効証明　写真は大阪衛生試験所、明治43年（1910）発行（ケンショク「食」資料室所蔵）

加えて、医者や当時まれな薬学博士・医学博士による、有効証明というお墨付きも得た。某医学博士は、「赤玉ポートワインは、純良なる薬学的組成と軽快なる香味色沢を有し、精力増進、疲労回復、食欲増進、消化促進の効果顕著なるを認む」と書いた。薬品類の効能を謳うにはevidence（科学的証明）が不可欠な現在では、薬事法違反となろう文言が並んでこそいるが、当時の大衆を惹きつける引力となったのは間違いない。これらの広告には、信治郎の絶対の自信が見え隠れしている。

広告媒体の開拓

信治郎が広告の媒体としたのは新聞のみに止まらない。その宣伝手法は大胆かつ画期的なものばかりであった。

明治末期において「スタア」であった芸者たちには、「赤玉ポートワイン」に因んだ稲穂簪を配布した。稲穂簪とは、本物の稲穂に白鳩をあしらった、毎年お松の内の間（元日から15日）にしか挿すことが出来ない特別なものであった。通常、白鳩には「眼」が入っていないが、信治郎の配布した簪には、「赤玉ポートワイン」を想起させる赤い眼を持つ白い鳩がデザインされていた。それらは鳩を神とする石清水八幡宮（八幡市）で祈祷した後、配布された。この簪は「鳥井はんの稲穂簪」として評判となり、ひいては赤玉も口コミで広まっていった。

もちろん消費者に対しても、販売促進を展開した。大正8年（1919）に販促組織「赤玉会」をつくり、「赤玉ポートワイン」の名前入りの金庫、火鉢など、大衆の興味をそそるハイカラで高価なノベルティを用意した。

さらには、火事の現場に「赤玉ポートワイン」と染め抜かれた法被を着用させた若い社員に、「赤玉ポートワイン」と書かれた提灯を持たせて、消火と救助にあたらせた。しかも、現場に駆けつけるのは常に最も早く、世間の話題となった。信治郎自身も現地に出向き、現場に販売店があると激励と心付けを忘れなかったという。

信治郎のアイデアから生まれる縦横無尽の販促活動により、赤玉の販売網は急速に広がっていくのである。

広告史上の金字塔

販促・広告を大切にした信治郎は、大正8年、森永キャラメルの宣伝部長として異彩を放っていた片岡敏郎を寿屋へ引き抜いた。条件は、「広告に関しては、たとえ社長であろうと、干渉を許さない」。怒りっぽい性分で、ある男性社員を卒倒するまで叱ったこともある信治郎だが、片岡にだけは一目を置いていた。片岡に対するカミナリは、周囲の人間に落ちたという。信治郎がいかに広告

Ⅲ　洋酒製造・普及の最前線

話題になった「赤玉ポートワイン」の新聞一頁広告　『大阪毎日新聞』大正9年（1920）1月11日（サントリー提供）

赤玉のイラスト新聞広告（コピーは片岡敏郎、デザインは井上木它）昭和5年（1930）（サントリー提供）

を重視していたかを物語っている。

　片岡は自由な環境の下、奔放かつ斬新な広告を展開していく。大正9年1月8日、新聞誌面に落書のような丸印と、たどたどしい文字が書かれてあった。片岡が仕掛けた「赤玉ポートワイン」の全面広告である。この広告は、賛否両論を巻き起こしたが、話題性という点では群を抜いていた。

　片岡はその後も琺瑯引き看板など、様々な広告戦略を打ち出していく。なかでも近代日本広告史上の金字塔となったのが、大正11年に発表されたわが国初のヌードポスターである（21頁）。半裸体も許されない当時にあっては、ヌードポスターを企画すること自体、とてつもない冒険であった。

　この発端は、阪急電鉄の創業者小林一三による宝塚唱歌隊（現宝塚歌劇団）を筆頭に、一般大衆に演劇や芸能が浸透していくなか、信治郎が宣伝ための赤玉楽劇団を創設したことにある。この劇団のプリマドンナであった松島恵美子を被写体として、このポスターは制作された。

　撮影・印刷にこだわりぬいたポスターが発表されるや否や、大きな反響が巻き起こった。初版のセピアバージョンは、貼り出すとすぐに持ち出されてしまい、他のバージョンまでもが作成された。

　この成功により、「赤玉ポートワイン」の名前はますます有名となり、葡萄酒ブランドとしての確固たる地位を確立していく。

「やってみなはれ」の社風

　「赤玉ポートワイン」の広報活動で用いられた手法の斬新さは、その後の寿屋の"お家芸"となった。片岡敏郎は引き続き、「サントリーウイスキー白札」の広告でも才能を発揮した（Ⅳ章）。戦後の宣伝部も、柳原良平の「アンクル・トリス」、開高健の「人間らしくやりたいナ」、山口瞳の「トリスを飲んでハワイへ行こう！」、PR誌『洋酒天国』（開高・山口が歴代編集長）に代表される、印象的な仕事の数々を残した（25〜27頁）。

　なお開高・山口はそれぞれ芥川賞・直木賞を受賞したが、驚いたことに在職中のことであった。信治郎も2代目社長の佐治敬三も「やってみなはれ」と、チャレンジ精神を尊重した、自由闊達な社風のなせる業であろう。

　また、信治郎は社会事業にも取り組み、多額の寄付を教育・研究機関に匿名で行っていたという。この精神も佐治に引き継がれ、サントリー美術館・サントリーミュージアム（天保山）を開設、サントリー文化財団を創立し、学芸文化・地域文

サントリーの宣伝を支えた面々。前列左から開高健、矢口純、山崎隆夫、坂根進、柳原良平、山口瞳、サンアドにて昭和42年（1967）（サントリー提供）

化振興事業を推進した。その端緒が昭和21年（1946）の食品化学研究所（現サントリー生命科学財団）創設、科学啓蒙雑誌『ホームサイエンス』（28頁）創刊であったことは、大阪帝国大学理学部出身で一時は科学者を目指した、いかにも佐治らしい。

サントリーと「赤玉ポートワイン」

「赤玉ポートワイン」の売り上げを元手に、信治郎はウイスキー事業を手がけることになる。ワイン、ウイスキーを擁して「洋酒の寿屋」の名は知れ渡ったが、昭和38年に佐治は社名を変更する。新社名サントリーは、信治郎が命名した国産ウイスキー第1号の銘柄に由来する。「トリー」は鳥井、「サン」は太陽のことで紛れもなく赤玉を指す。「このウイスキーを育ててくれたのは、ながい間"赤玉ポートワイン"を愛してくれたお客さんや。その恩を忘れたらあかん」という信治郎の思いが、サントリーの社名に刻み込まれている。

サントリー隆盛の立役者・「赤玉ポートワイン」は、昭和48年に「赤玉スイートワイン」と改名し、平成19年（2007）に生誕100周年を迎えた。長年愛され続ける理由は、品質はもちろんのこと、それに裏打ちされた斬新かつ魅力ある広告と、そこから製品・企業イメージを創造した信治郎のしたたかな戦略に負うところが大きかったのではないだろうか。

（伊藤　謙）

Ⅲ 洋酒製造・普及の最前線

コラム　薬酒の世界

伊藤　謙

「順徳酒」の瓶・サンプル・酒杯と貯蔵用古備前壺（日東薬品工業提供）

　古来より、酒は百薬の長といわれる。反面、酒は百毒の長などともいわれる。このエタノールを含有する「魅惑の液体」が、健康によいのか、悪いのか、これは人類永遠の問いと言えよう。

　古来より、酒は祭祀、飲料そして薬という多くの役割を演じてきた。酒は、東洋医学の理論で体内の気血の巡りを良くするとされ、気分を心地よくさせ、血流促進作用があるとされている。さらには、様々なハーブ、生薬（いわゆる天然薬物：薬用の動植物）を酒に漬け込み、薬用に供するという使い方もなされてきた。

　日本では、平安時代（8〜12世紀）から宮中や貴族の間では、新年を迎えるときには、生薬類を溶かしこんだ三種の薬酒「屠蘇、白散、度嶂散」を順に服用し、一年の健康を願ってきた。その風習は、民間にも広がり、現在でも正月に飲む「屠蘇」として残っている。屠蘇は、三国時代（3世紀）の名医・華佗が考案したとされる。本来は烏頭（トリカブトの母根を乾燥したもの）や大黄（瀉下剤として漢方処方に配合される）のような作用の強い生薬が配合され、治療薬として適応されたらしい。その処方は時代と共に変遷を遂げ、中世・現代のように病気の予防薬としての意味合いが強くなった。

　通常、生薬類は熱水で抽出され、煎じ液を服用する。一方、親水基と疎水基を同時に構造中に持つエタノールで抽出された生薬類は、熱水による抽出とは異なる成分を放出する。よって、エタノール抽出物の持つ薬効は熱水抽出物と異なることが予想され、適応する症状も違ってくる。これを見事に利用したのが薬酒といえよう。

　わが国の代表的な薬酒には、養命酒（養命酒製造）・順徳酒（日東薬品工業）・保命酒（入江豊三郎本店）があり、これらは全て江戸時代から製造されてきた。しかし近年、薬酒利用にブレーキがかかっている。昨今のサプリメント氾濫によるシェアの侵食、酒摂取の健康への影響・医薬品との併用による副作用への懸念がその背景にある。

　過剰な飲酒により、糖尿病の症状が悪化することはよく知られている。一方で、適度の飲酒により心筋梗塞による死亡を減少させることも報告されている。

　酒という「天与の液体」。願わくは、「百薬の長」としたいものである。

Ⅳ　ジャパニーズ・ウイスキーの先駆者

松永　和浩

テイスティングする鳥井信治郎・佐治敬三父子　昭和25年（1950）頃（サントリー提供）

テイスティングする竹鶴政孝（アサヒビール提供）

　スコットランド、アイルランド（北アイルランドを含む）、アメリカ、カナダ、そして日本。世界の五大ウイスキーの産地である。近年、ウイスキーの世界的コンペティションで、世界一の栄誉に輝く銘柄を送り出しているのが、ジャパニーズ・ウイスキーである。
　ウイスキーマガジン「BEST OF THE BEST 2001」で「余市10年」が世界最高得点を獲得したのを皮切りに、WWA（「ウイスキーマガジン」主催）・ISC（「ウイリアム・リード」社主催）・SWSC（「ボナペティート」等主催）などで、サントリーの「山崎」「響」やニッカの「竹鶴」などが度々トップに名を連ねている。
　本章では、両メーカーの創業者鳥井信治郎と竹鶴政孝によるウイスキー国産化への挑戦と苦闘をひもとき、今日のジャパニーズ・ウイスキーの原点を探りたい。

「トリスウイスキー」の変遷　昭和21〜平成11年（1946〜99）（サントリー提供）

1.「舶来」・「偽物」の時代

ウイスキーの舶来

ウイスキーとは、「麦芽により糖化された穀類の醪（発酵液）を蒸留したスピリッツ」と定義される。分かりやすくいうと、ホップを添加しないビールを蒸留した酒である。ゲール語の「ウシュク・ベーハー」（命の水）が語源で、発祥は千年前ともいわれる。

長らくスコットランドやアイルランドの地酒であったが、19世紀頃から世界に広まった。日本には嘉永6年（1853）、ハリスの来航によってもたらされたという。輸入が始まったのは明治4年（1871）、「舶来物」を愛好する人々が嗜むようになっていった。

「偽物」のウイスキー

日本では薬種問屋などが製造するようになった。なぜ薬種問屋かというと、当時のウイスキーはアルコールに香料・着色料・甘味料を加えて「調合」するものだったからである。つまりはイミテーション、偽物である。

寿屋の鳥井信治郎も、このような「偽物」を手がけていた。明治の終わりから販売した「ヘルメス」がそうである。だが大正8年（1919）、信治郎はある偶然に遭遇する。倉庫の片隅でぶどう酒の古樽に詰めたリキュール用アルコールを発見し、飲んでみた。コクとまろやかさが深まった美味であった。そこで「トリスウイスキー」として発売すると、好評を得た。在庫はすぐに底をついたが、信治郎はこの時、貯蔵の神秘性に魅了され、ウイスキー製造の夢を抱いたとされる。

国産化のカベ

ウイスキーの琥珀色、独特の香り・風味は熟成に由来する。イギリスの法律では、三年間の貯蔵が義務づけられているくらいである。樽材成分と原酒とが複雑に化学反応して熟成するらしいが、科学的に完全には解明されていない。

ウイスキーは熟成期間の異なる原酒を混和してつくる。単一の蒸留所で製造した原酒を混和（バッティング）したものをシングルモルトウイスキー、複数の蒸留所の原酒を用いたものをピュアモルトウイスキー、複数のモルトウイスキーとグレーンウイスキー（とうもろこし等から連続式蒸留機で製造）を混和（ブレンド）したものをブレンデッドウイスキーという。熟成とブレンドの妙が、ウイスキーの品質を左右するのだ。

このウイスキーづくりの特質が、実は国産化の高い障壁だった。複数年の原酒が熟成されるまで、最低5年は要する。事業としてウイスキー製造を行おうとすれば、蒸留は毎年必要となり、原材料

山崎蒸留所の貯蔵庫と全景（サントリー提供）

費が費やされる。しかしすぐには売り出せず、数年間は収益をもたらさない。さらには当時の税制が、清酒を主な対象とする造石税であったこともネックとなった。造石税とは酒造年度に製造した酒の量に応じて課税するもので、10年間で約3分の1ともいわれる貯蔵欠減（これを「天使の分け前」とよぶ）を生じるウイスキーには圧倒的に不利な方式であった。また原酒の品質の良し悪しは、人知を超えた長い熟成にゆだねられるため、リスクが高い。加えて西洋至上主義、舶来崇拝の風潮である。当時の日本でウイスキー事業を興そうと思うと、幾重もの困難が待ち構えていた。

2．最初の事業家・鳥井信治郎

鳥井信治郎の決断

しかし信治郎は、この難事業に果敢に挑戦する。資金はあった。「赤玉ポートワイン」の売れ行きは順調である。目標もあった。大正半ばで年間200万円に上った洋酒輸入総額の半減を目指し、外貨流出阻止と国内の農業・産業育成を目指す、経営ナショナリズムの考えである。自信もあった。先見性に富み、「やってみなはれ」を口癖とした信治郎は常に新事業を展開し、一代で寿屋を国内屈指の洋酒メーカーに育ててきた。ついに信治郎は、ウイスキー事業への参画を表明する。

だが社内の全役員はおろか、社外からも猛烈な反対に遭った。味の素の鈴木三郎助、東洋製罐の高碕達之助、イカリソースの木村幸次郎など、名うての経営者も制止した。理由は前述の通りである。「赤玉ポートワイン」で好調な時に、無理をする必要はないとの声が大勢を占めた。しかし信治郎は好調な時だからこそ可能だと踏んでいた。結果を知っている我々が、信治郎の決断を評価することはたやすいが、当時の人々の目にはやはり無謀に映ったのである。それでも頑として曲げない信治郎に、最終的には役員も折れた。

すると信治郎は、ウイスキーづくりに邁進する。大正11年（1922）、資本金100万円で寿屋を株式会社化し、翌年には寿屋洋酒店と登利寿（トリス）株式会社を合併して200万円に増資した。一方で本社社屋を拡張、大阪工場に醸造場を増設し、「赤玉ポートワイン」の品質改良・生産体制の強化を図り、資金面を充実させた。ロンドンに赴任する三井物産の知人にはスコットランドの技師招聘を依頼し、醸造学の権威・ムーア博士の承諾を取り付けた。大阪税務監督局長に対しては「スコッチウイスキー製造に関する申請書」を提出、大正13年4月7日、日本で初めてウイスキー製造免許を獲得した。課税方式も貯蔵後、庫出時点で造石査定する特例を認めさせた。

テイスティングする佐治敬三　昭和55年（1980）頃（サントリー提供）

「白札」の新聞広告（コピーは片岡敏郎）　昭和7年（1932）（サントリー提供）

　原材料などにもこだわった。大麦はゴールデンメロン種、スコッチ・ウイスキー特有のスモーキーフレーバーをもたらすピート（草炭）はスコットランド産、樽はスペインのシェリー樽を採用することとした。

日本初の蒸留所、山崎

　そして肝心の蒸留所用地は、ムーアの指導の下、山崎（大阪府島本町）に定めた。山崎は北に天王山、南に木津川・桂川・宇治川の合流点に挟まれ、スコットランドのローゼス峡に似た、ウイスキー製造に適した地であった。濃霧が発生しやすく湿潤で冷涼な気候は貯蔵に有利で、天王山の竹藪からは良質な地下水が得られた。さらに大都市大阪・京都の中間に位置し、古くから交通の要衝であった。中世の大山崎神人の油商売や豊臣秀吉の中国大返しと山崎の戦いでの勝利は、淀川の水運、西国街道の陸運を抜きにしては語れない。近代になると省線が敷かれ、運輸・販売面にも優れる。

　大正12年10月に土地買収が終了、翌年4月に起工式、11月、総工費200万円で山崎蒸留所が完成した（22・23頁）。ポットスチル（単式蒸留機）は大阪の渡辺銅鉄工所が半年をかけ製造、直径3.4m・高さ5.1m・重さ2tに及び、蒸気船で淀川を遡上し、真夜中にコロで線路をまたぎ搬入した。

　駅の北椎尾山下、コンモリした官有林の中にこれはまた古城の面影といひたいやうな建物千坪、赤玉の寿屋がスコットランドのハイパーク、ゼームス・グランド会社を気取って、甘藷のウキは他にあるがゴールデン・メロンのウキは日本最初と自慢し、国産奨励外品防遏から逆に海外輸出を目的とする

　新工場は『大阪朝日新聞』にこう紹介された。平屋が建ち並ぶなか、忽然と現れた細長いパゴダの屋根はスコットランドの蒸留所そのもので、人々の話題となった。数年間は大量の大麦が運び込まれるばかりで一向に製品が出荷されないため、「ウスケ」という大麦ばかり喰う化物が住んでいると噂されることもあった。

　この間、来日できないムーアは、スコットランドで本場のウイスキーの製法を学んだ日本人青年を代わりの技師として紹介した。大正12年6月、信治郎は三顧の礼をもって、27歳の竹鶴政孝を山崎蒸留所初代工場長に迎えた。報酬にはムーアに用意した年俸4,000円を充てた。当時の大卒初任給が月40～50円だったから、破格の待遇であった。

阪急電鉄石橋〜蛍池間に設置された9m×15mの野立看板　昭和34年（1959）（サントリー提供）

「トリスウイスキー」の広告（サントリー提供）

国産初のウイスキー

　大正13年、山崎蒸留所で製造が開始され、昭和4年（1929）、ついに国産初のウイスキーが発売された。その名は「サントリーウイスキー白札」、価格は1本4円50銭、ジョニーウォーカー赤より50銭安かった。発売当時の広告は、こう謳っていた。「あはれ東海日出づる国に　今し万人渇仰の美し酒　サントリーは産れぬ　その香味の典雅風韻の高逸　たゞに　吾が醸造界に一新紀元を画しえたるのみにはあらず」(24頁)。昭和7年、片岡敏郎が手がけたコピーには、「断じて舶来を要せず」「醒めよ人！　舶来盲信の時代は去れり　酔はずや人　吾に国産至高の美酒　サントリーウ井スキーはあり！」と、挑発的な言辞が躍った。

　華々しいデビューに思えた。だが、売れなかった。やはり舶来崇拝は根強く、ピートの焦げ臭さも受け入れられなかった。しかも折悪く、発売開始の年から世界恐慌に陥り、昭和6年は資金不足により原酒の仕込みを断念せざるを得なかった。

雌伏の時

　信治郎はウイスキー事業を何とか守ろうと、かねてから多角経営に乗り出していたが、いっそう拍車がかかった。インスタント紅茶の原型「レチラップ」（1924）に始まり、国内初の練り歯磨き「スモカ」（1926）、「トリス・ソース」・「山崎醤油」（1928）、「トリス・カレー」・「トリス胡椒」（1930）、「トリス紅茶」（1931）、濃縮リンゴジュース「コーリン」（1932）を次々に製造・販売した。

　昭和3年には日英醸造のビール工場を買収し、「カスケードビール」・「オラガビール」を発売したが、大日本麦酒等の寡占状態の前にわずか5年ほどで撤退した。なおビール事業は、多角経営のお手本ともいうべき阪急創業者小林一三の勧めもあって、信治郎の宿願となっていた。後継者の佐治敬三が再挑戦し、2008年にようやく上位3社の牙城を崩してシェア3位となった。「赤玉ポート

IV　ジャパニーズ・ウイスキーの先駆者

缶詰ハイボール「ウイスタン」昭和35年（1960）発売（田中光彦氏所蔵）

客と店とが一体のトリスバー　昭和30年（1955）頃
（サントリー提供）

寿屋チェーンバーに提供されたノベルティ（爪楊枝入れ、コートフック）
（田中光彦氏所蔵）

ワイン」に関しても、昭和11年に山梨農場（現登美の丘ワイナリー）の開設、道明寺工場の新設を行っている。

またウイスキーの普及にも努めた。社では昭和6年にウイスキー使用のカクテルを募集（日本初のカクテルコンクール）、同年にオープンした銀座8丁目の「ニューライオン・バー」、大阪・天満屋食堂で製品を提供、営業部員は昼間にカフェにサントリーを置き、夜に自ら客として飲んだ。社長の信治郎（自らは主人・大将と呼ばせた）はポケット瓶を持ち歩いて時に通りすがりの人々にも試飲させる一方、嗅覚にすぐれる大きな鼻と地道な努力によってブレンダーとしての腕を磨いていった。

成熟の時

この雌伏の時代を乗り越え、ようやく日本人に受け入れられるウイスキーが完成した。昭和12年10月に発売した12年もの「サントリーウイスキー角瓶」（8円）である（25頁）。上記の努力は勿論のこと、売れなかったことが幸いして原酒が日本人の嗜好に合うまで適度に熟成した。

この年開戦した日中戦争で、スコッチ・ウイスキーの輸入が制限されたことも追い風となった。翌年、大阪・梅田に1号店が開店した「サントリーバー」も、中間知識階級層（大学出のインテリ）を基盤に全国展開し、ウイスキー文化が普及した。

イギリス仕込みの海軍を中心とした需要から「サントリーウイスキー」が軍納品に指定され、「イカリ印」の納入量は増加した。原料の麦も割り当てられ、労せず確保できた。山崎蒸留所の庫出石数は昭和5年の102石が、14年には1,333石、19年には4,286石までのぼった。徴兵制、戦時体制のために、ウイスキーの味を覚えた軍隊経験者を多数生み出したことは想像に難くない。だが寿屋は軍需工場に指定されたため、甚大な空襲被害に遭った。高濃度アルコールであるウイスキー原酒が空襲されればひとたまりもない。山崎蒸留所では穴蔵に原酒を避難させ、無事に敗戦を迎えた。

洋酒のある生活

しかし戦後の食糧難で仕込用の麦の割り当てを日本政府は渋っていた。高級品のウイスキーが簡単に売れる見込みもない。GHQからせっかくの原酒を没収される恐れもある。そこで信治郎は臆することなく自ら新大阪ホテルに駐留するGHQへ売り込みをかけ、昭和20年10月にウイスキー納入の指令が下った。将校向けの「レアオールド」、兵士用の「ブルーリボン」を大量生産した。日本人にも翌年4月から一般向けの「トリスウイスキー」を発売した。同24年に自由販売が復活すると、「安くてウマい！」をキャッチフレーズに「ウ

モルトウイスキーの製法を学んだロングモーン・グレンリベット蒸留所の職工たちと竹鶴（左から2人目）（アサヒビール提供）

グレーンウイスキーの製法を学んだボーネス蒸留所（アサヒビール提供）

イスキーの大衆化」を目指し、高度経済成長期の1960年前後の洋酒ブームを牽引した。

　寿屋の戦略は単に商品を売ることではなく、「洋酒のある生活」を提案し、洋酒文化を浸透させることにあった。「モーレツ」に働き高度経済成長を下支えするサラリーマンが、「トリスバー」ではウイスキーやハイボールを飲んで仕事の疲れを癒し、知性と遊び心が交差するPR誌『洋酒天国』（1956〜63、全61号）をむさぼり、家では家電製品に囲まれテレビから流れる「アンクル・トリス」の言動に共感を覚えつつ、一人静かに「冬はホット」「夏はハイボール」をやる（25頁）。そんな光景が各所でみられるようになった。昭和55年（1980）ごろまで、ウイスキーの消費量は飛躍的に伸びていった。その後、関税障壁の撤廃や低アルコール飲料嗜好により後退を余儀なくされたが、ジャパニーズ・ウイスキーは日本社会に深く根を下ろすに至った。昭和36年にはアメリカで「ジャパニーズウイスキー」の登録認可を得て、今日の名声の基礎を築いた。

3．最初の技術者・竹鶴政孝

スコッチを学んだ青年

　ジャパニーズ・ウイスキーの誕生には、前史がある。ここでは時代を遡って、ウイスキーづくり一筋に生きた竹鶴政孝の生涯を振り返りたい。

　竹鶴は明治27年（1894）に竹原（広島県）の造り酒屋の三男として誕生した。二人の兄は家業とは別の道を選んだため、竹鶴は大正2年（1913）に大阪高等工業学校醸造科に入学した。柔道部に所属し（31頁）体力に自信があった竹鶴は、徴兵検査で甲種合格を覚悟していた。そこで卒業から徴兵までの期間、興味を抱いていた洋酒製造を学ぼうと、醸造科第一回卒業生で摂津酒造の常務岩井喜一郎（V章参照）を訪ねた。大正5年、摂津酒造に入社し、洋酒関係の主任に抜擢された。この年の夏、ワインが暑さで破裂する事故が相次いだ。当時、寿屋は摂津酒造のほか、小西儀助商店などに「赤玉ポートワイン」の製造を委託していた。だが竹鶴が手がけた製品は十分に殺菌されていたため、一本も割れなかった。これがきっかけとなり、竹鶴は鳥井信治郎の知るところとなった。

　本物のウイスキー製造を考えたのは、信治郎だけではなかった。大正7〜9年の大戦景気で利益をあげた摂津酒造社長の阿部喜兵衛も、その一人であった。大正7年7月、摂津酒造は竹鶴をウイスキー留学のためスコットランドに派遣した。神戸港には信治郎や山本爲三郎（日本製壜。のちの朝日麦酒会長兼社長）も見送りに駆けつけた。摂津酒造のみならず、酒造業界全体の期待を背負った船出であった。サンフランシスコでワイン醸造を勉強した後、リバプールに入港、グラスゴー大学応用化学科に入学した。しかしそこでの講義は「すでに日本で勉強したことの繰り返しであった」と

IV ジャパニーズ・ウイスキーの先駆者

竹鶴とリタ夫人（アサヒビール提供）

いう（竹鶴『ウイスキーと私』、本書31頁）。大阪高工の教育レベルを示唆する逸話である。

「竹鶴ノート」ができるまで

日本でのウイスキー製造にとって大いに役立ったのは、蒸留所での実習だった。大正7年11月から9年5月まではローゼスに滞在し、グレンリベット蒸留所などで実践的な蒸留技術を学び、経験と勘を養った。ノートをとることは許されなかったため、ポケットのなかで紙片にメモ書きし、下宿先に戻ってその日の実習内容をノートにまとめる日々が続いた。こうしてジャパニーズ・ウイスキーのバイブルともいうべき「竹鶴ノート」はつくられた（29・30頁）。

しかしそこには大きな苦労や重圧があった。当時繰り返し読んだというネットルトンのウイスキーの本には「毎日が苦しい、しかし頑張り耐えねばならぬ」と走り書きしたり、勉強の途中で帰国したことを母から叱責される夢を何度もみて枕を濡らしたという。竹鶴の心の支えになったのは、カーカンテロフの町に住むリタという女性であった。二人は周囲に反対されながらも結婚し、大正10年11月、ともに日本の土を踏んだ。新居は高級住宅街の帝塚山（大阪市住吉区）に構えた。

刻まれた偉大な一歩

摂津酒造に戻ると、岩井に「竹鶴ノート」を手渡し、重役会に「本格モルト・ウイスキー醸造計画書」を提出した。しかし留学の前後で社内の状況は一変していた。大戦後の反動不況に襲われていたのだ。阿部は竹鶴の肩を持ったが、岩井は当時経理を担当する立場から賛成はできなかった。結局、全役員から否決された。大正11年、竹鶴は摂津酒造を退社した。

翌年からは知人の紹介で桃山中学校の化学教師となり、リタは帝塚山学院の英語教師、英語とピアノの個人授業で生計を立てた。悶々とした日々を過ごしていた竹鶴のもとに、突然、信治郎がやってくる。用件は前述の通り、ウイスキー技師として招きたいというものだった。大正12年6月、竹鶴は10年契約で寿屋に入社した。ここに信治郎の資金と信念、竹鶴の技術と理想とが邂逅し、ジャパニーズ・ウイスキーの偉大な一歩が刻まれた。

山崎蒸留所初代工場長

山崎蒸留所の操業まで、建物の設計から設備や機械の発注を竹鶴がほとんど独力で行った。これまで見たこともないものを受注した業者は、竹鶴の説明と監視なしには仕上げられない。そこで役立ったのが、スコットランドで「どんな小さなことでも絵に書いて、その説明をノートにつけていた」ことだった。例えば前述したポットスチルは、人々が嫌がる蒸留釜の掃除をして形状を記録できたおかげで、発注が可能になったという（32頁）。

だが限界もあった。乾燥の工程でピートを燃やすところから原料の大麦をのせた金網までの距離と、蒸留機の釜の底と石炭を焚くところの距離が、ノートを見ても他の文献を探しても分からない。日本に相談できる相手がいるはずもない。大正14

余市蒸留所（アサヒビール提供）

年、初年度に蒸留した原酒サンプルを持って、再びスコットランドに赴いて、疑問を解決した。

昭和4年（1929）には国産初のウイスキーを送り出したが、売れ行きは散々だった。信治郎は多角経営で乗り切ろうとし、前年に日英醸造から買収した横浜のビール工場長を竹鶴に兼務させた。竹鶴は信治郎の方針にも従い努力し、工場拡張計画を進めていた。しかし工場長の竹鶴に何の相談もなく、横浜工場を麦酒共同販売（のち東京麦酒）に250万円で売却する。この時、退社を決意した竹鶴は、昭和9年3月、寿屋を去った。10年契約を1年超過していた。

理想の地・余市へ

同年7月、積丹半島の入口、余市川が日本海に流れ出る河口に位置する余市に会社を設立した。資本金10万円、大日本果汁という名だった。余市に入植した会津藩出身者が開拓して特産となったリンゴを大量に仕入れ、100％リンゴジュースを販売したからである。しかし運輸業者の遅延でラベルにカビが生え、高濃度ゆえの白濁が腐敗に間違われるなどして、返品の山が築かれた。役員に糾弾される竹鶴は、リンゴジュースからブランデーを蒸留することを提案、逆に蒸留器の設備投資を要求した。狙いはウイスキー蒸留であった。

そもそも余市を選んだのは、付近からピートが産出し、気候風土がスコットランドに似て冷涼湿潤だったからである。寿屋時代も蒸留所選定では北海道を強く勧め、暇をぬっては蒸留所に理想の地を探し歩き、目を付けていた。リンゴジュースは蒸留・貯蔵の資金と時間を稼ぐための手段であり、そこまで見据えた事業開始であった。

昭和11年、竹鶴は加賀正太郎ら出資者を何とか説得し、ウイスキー蒸留にこぎつけた。ウイスキー蒸留が開始され、同15年10月に第1号ウイスキーを発売した（31頁）。銘柄は大日本果汁を略し「ニッカ」とした。

スコッチを越えられたか

竹鶴のウイスキーづくりは、スコッチを理想に愚直に本物を追究するものだった。だが戦後はイミテーションウイスキーが横行、三級ウイスキーも原酒5％以下との規定で原酒はほとんど含まれず、竹鶴は憤っていた。しかし他社のウイスキーは安さを前面に出し売れていた。昭和25年春、社員の生活のことを思い、三級ウイスキー販売という苦渋の決断を下す。ただし、最高率ぎりぎりまで原酒を混入した。技術者としての竹鶴のこだわりと矜持が伝わってくる。

その後、朝日麦酒から資金・販売面で支援を受け、経営は上向いた。昭和37年には西宮（兵庫県）にカフェ式蒸留設備を導入しグレーンウイスキーを蒸留、同44年には仙台工場で余市とは異なるローランドタイプのモルトウイスキーを蒸留する

ようになった。一社でシングルモルト、ピュアモルト、ブレンデッド全ウイスキーを製造できる企業はスコットランドにはない。竹鶴はこのことが自慢だった。

昭和37年に来日したイギリス副外相ヒュームは「五十年前、頭のいい日本人青年が、一本の万年筆とノートで、我が国の宝であるウイスキーづくりの秘密を盗んでいった」と語った。同44年7月12日付『デーリー・エキスプレス』は「日本、スコッチの市場に侵入」の見出しで、ニューヨーク駐在記者がニッカとスコッチの最高級ものを飲み比べ、日本製だと思ったものがスコッチでショックを受けたという記事を載せた。単身、スコットランドへ渡ってから半世紀、竹鶴のつくるウイスキーがスコッチを越えた瞬間であった。

大阪工業学校（『写真集　大阪大学の五十年』より）

V　大阪高工醸造科スピリッツ

松永　和浩

明治30年（1897）	大阪工業学校醸造科
同　34年（1901）	大阪高等工業学校醸造科
昭和4年（1929）	大阪工業大学醸造学科
同　8年（1933）	大阪帝国大学工学部醸造学科
同　18年（1943）	大阪帝国大学醗酵工学科
同　22年（1947）	大阪大学醗酵工学科
平成3年（1991）	大阪大学応用生物工学科
同　7年（1995）	大阪大学応用自然科学科応用生物工学コース

〔表3〕醸造科の変遷

　明治29年（1896）5月に創設された官立大阪工業学校には、官立東京工業学校（明治14年東京職工学校として設立。現東京工業大学）にはみられない特殊学科が設置された。すなわち、染色・窯業・冶金、そして日本で初めてとなる醸造科が誕生した。その背景に、経験的酒造に科学的知識を導入したい酒造業界の強い要望があった。直接的には明治26年の全国酒造組合連合会が採択した醸造学研究に適する学科設置の請願、大阪麦酒（現アサヒビール）技術長・生田秀による片岡大阪府書記官への働きかけが奏功したとみられる。政府側も地租に次いで税収の2割強を占める酒造税を安定的に確保する思惑もあり、灘・伊丹など伝統的に酒造業が盛んな地域に醸造科が設置される運びとなった。

　大阪工業学校は明治34年に大阪高等工業学校（以下、大阪高工）へ改称、昭和4年（1929）に大阪工業大学へと昇格、同8年大阪帝国大学に工学部として編入された。醸造科は同4年に醸造学科、同18年に醗酵工学科となり、大阪大学工学部応用自然科学科応用生物工学コースとして現在に至っている。

　また同科の同窓会組織として、『醸造会誌』を発刊した大阪高等工業学校醸造会を明治43年に立ち上げ、大正12年（1923）には卒業生以外の醸造関係者にも門戸を開き、大阪醸造学会へと改組した。会誌『醸造学雑誌』、『醸造諸表』（1917年。1926年改訂増補）、『酒造便覧（清酒篇）』（1958）を刊行し、研究と実務にわたって幅広く寄与してきた。さらに昭和37年（1962）には純粋な学会組織として日本醗酵工学会へと発展的に解消され、日本生物工学会として2012年に90周年を迎えた。

　その間、醸造（学）科では全国各地の酒造家の子弟を集め、多くの研究者・技術者を輩出していった。昭和2年（1927）時点において、卒業生の7割は各地方の醸造家として活躍、各官庁では醸造関係技術者の6割以上を占めたという（「大阪工業大学に醸造科を独立存置すべきの議」）。なかでもⅣ章で取り上げた竹鶴政孝のごとく、先駆的・革新的な仕事を残した者も少なくない。本章では、大阪高工醸造科（後身を含む）に在籍した教員・学生のうち、かような業績を挙げた人物の一部を紹介していきたい。

V 大阪高工醸造科スピリッツ

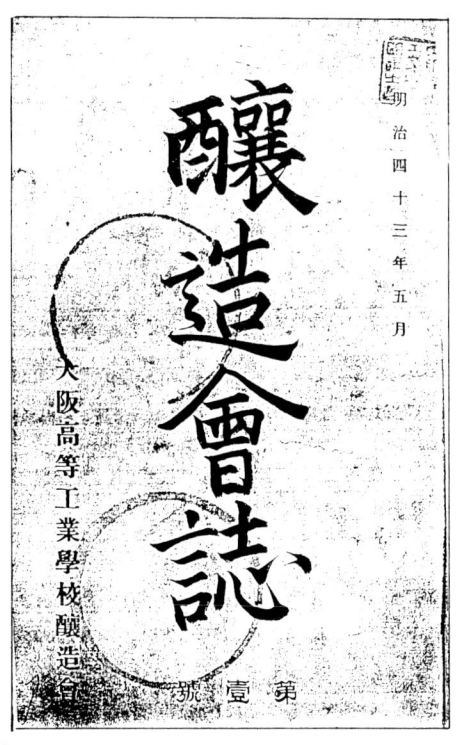

『醸造会誌』第1号 明治43年（1910）（大阪大学附属理工学図書館所蔵）

坪井仙太郎（『醸造会誌』26坪井博士追悼号、1921年より、大阪大学アーカイブズ所蔵）

1．坪井仙太郎 (1861〜1921　1896〜1921教授) 大阪高工醸造科初代教授

　大阪工業学校初代教授の坪井仙太郎（はじめは儼太郎）は、醸造科長（冶金科長兼任）を明治31年（1898）から大正10年（1921）の退官まで務め、明治43年発足の醸造会では初代会長に就任した。その間、醸造科および醸造会発展の基礎を築き、500名に及ぶ卒業生を斯界に送り出した。

　坪井は文久元年（1861）美濃国池田郡脛永村（はぎなが）（岐阜県揖斐川町）の酒造家の三男として生まれ、明治22年に東京大学工科大学応用化学科を卒業した。翌年、日本舎密製造（せいみ）の技師長として小野田の化学薬品工場建設を担当するが、2度の火災や工事遅延によりわずか1年半で引責辞職した。同25年から住友別子銅山新居浜地区の精錬所に勤務して硫酸製造などに成果を挙げたが、事業不振の責任を負わされ28年に解任された。その間、妻子を亡くし苦労も多かったが、日本における酸・アルカリ工業技術史上、先駆的役割を果たしたとされている。

　大阪高工では一般応用化学・細菌学・醸造学・顕微鏡使用法さらには実習まで担当した。人員も当初の教授1・助教授1から、大正10年には教授2・助教授1・助手2にまで拡充された。ただ「醸造に関する書籍を探し出して学校で買入れて貰らふと思ひましたが、金が一文もありません。其所で自費を投じて買入れて研究を始めました」と、後年回想している。醸造会に対しても、還暦祝賀会で贈られた金一封をそのまま寄付したいと申し出て、役員の説得により一旦は受領したものの、退官後に開かれた大正10年醸造会総会で議決された坪井記念館設立のために金1万円を寄付している。坪井記念館は大阪高工の東野田（大阪市都島区）への移転、また大学昇格運動や関東大震災の影響でようやく昭和6年（1931）に完成し、大阪工業大学に寄贈された。広く教育・研究・学会活動に活用され、特に空襲により教室不足となった戦後は重宝されたが、同45年の吹田地区移転にともない取り壊された。

　醸造学研究では、食糧問題の見地に立って、大

「大阪工業大学に醸造科を独立存置すべきの議」

大阪工業大学に醸造科を独立存置すべきの議

大阪高等工業学校は昭和四年度より昇格して大阪工業大学となる事となれり
吾人は大阪工業大学に独立の一科として醸造科の存置されん事を切望す

理　由

一、大阪高等工業学校醸造科は明治二十九年創立以来三十余年の星霜を経たる光輝ある歴史を有し卒業生を出す事七百名に達す
一、卒業生は北は樺太より南は台湾に及び朝鮮、満州の植民地に渡りて活躍し産業振興税源涵養の任に当りつゝあり
一、卒業生の七割は各地方の自営醸造家なり此の傾向は逐年増加し現醸造科在学生の九割七分は醸造家の子弟なり
一、各官庁醸造関係技術者の六割以上は醸造科出身者なり
一、醸造科入学者は当初より就職確定し卒業後就職問題の憂鬱もなし
一、人口問題に直面する吾国の現状に於いて就中急務とするのは食料品工業の研究を目的とする独立の一科を大学内に設けるを以って第一に広義の醸造学即一般食料品工業の研究を目的とする独立の一科を大学内に設けるを以って最緊要事なりと認む
一、特色ある工業大学たらしむるが為めには画一主義を脱し他にその比を見ざる本邦唯一の大阪高等工業学校醸造科の昇格存置を以って適切且つ至当なりと認む

右決議す

以上

大阪高等工業学校醸造科全卒業生

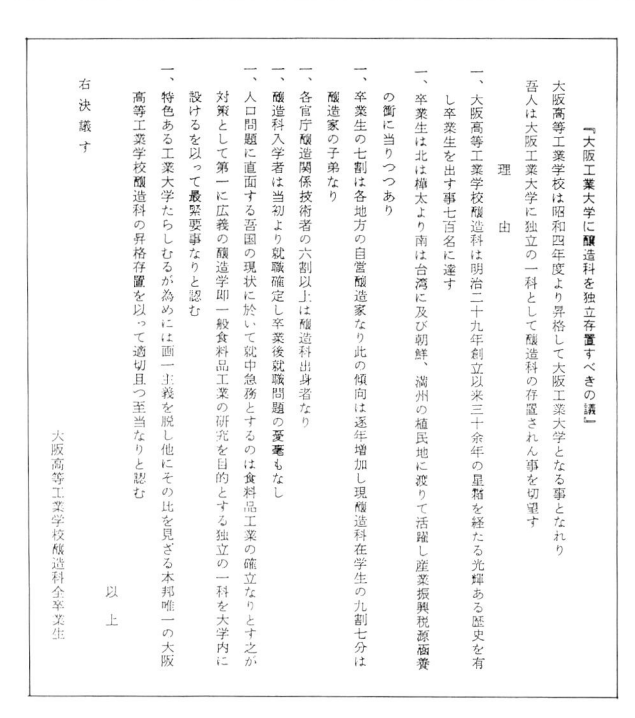

「大阪工業大学に醸造科を独立存置すべきの議」（大阪大学アーカイブズ所蔵）

『醸造学雑誌』第1巻第1号　大正12年（1923）
（大阪大学附属理工学図書館所蔵）

正3年に「米以外の安価なる原料を使用して代用清酒の製造法」（『醸造会誌』9）を発表している。一般に代用清酒（合成清酒）は鈴木梅太郎（1874～1943）の「理研酒」が知られるが、その研究の契機は大正7年の米騒動というから、坪井の成果はそれに先んじている。

坪井は退官した年に逝去し、翌年の『醸造会誌』26号は追悼号となった。41名から寄せられた追悼文からは、その高邁な人格が窺える。

2. 西脇安吉（？～1965　1902～07助教授・07～29教授）醸造科存続の危機を救う

大正10年（1922）、坪井仙太郎の後任として大阪高工醸造科長に着任し、醸造会長に就任したのが西脇安吉である。西脇は明治35年（1902）に同校応用化学科を卒業し、助教授としてしばらく坪井と2人で醸造科の教育に当たった人物で、坪井路線を継承・発展させた。

研究では、大正3年に坪井が発明した合成清酒に改良を加えて品質向上に成功し、大正11年に文部省へ報告、特許を取得した。この方法で原料米の使用量を5分の1に抑えられたという。

醸造会長としては、大正12年に同窓会組織から学会組織への転身を図り、大阪醸造学会へと改組した。会誌を年1、2回発行の『醸造会誌』から月刊の『醸造学雑誌』へと充実させ、正会員（卒業生）、通常会員（在学生）に加え、特別会員として醸造業界関係者を迎え入れた。後に特別会員には寿屋社長の鳥井信治郎や大日本麦酒役員の山本爲三郎、灘・伏見の酒造家など、斯界を代表する面々が名を連ねている。この改組の背景には、同年に大阪高工が中之島（大阪市北区）から東野田へ移転したことや、大正7年の大学令公布を契機に高まった大学昇格の気運があった。

ところが大学昇格運動は、思わぬ事態を招いた。昇格にともなう組織改編により、醸造科は存続の危機を迎えたのだ。大阪醸造学会は昭和2年（1927）4月頃から存続運動を活発化させ、西脇も8月に来阪した文部大臣水野錬太郎と、甲子園の長部慎三（1912年卒。大関酒造）邸で会談し、翌日の大阪高工視察では近畿在住の卒業生の製品を試味しながら醸造科について説明した。結果、昭

V　大阪高工醸造科スピリッツ

黄綬褒章を受章した岩井喜一郎　昭和33年（1958）（本坊蔵吉『卒寿記念』より）

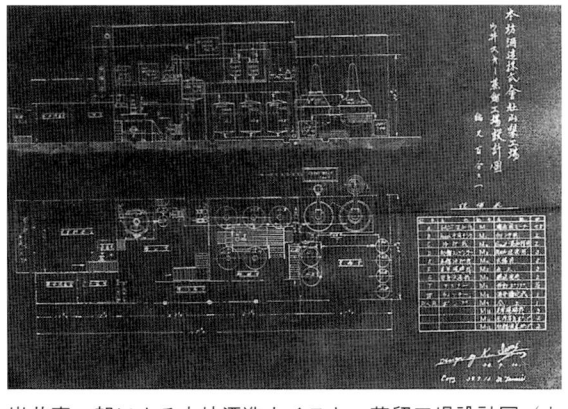

岩井喜一郎による本坊酒造ウイスキー蒸留工場設計図（本坊蔵吉『卒寿記念』より）

和4年4月から大阪工業大学醸造学科への昇格が実現した。

だが西脇は教授の座を退かざるを得なかった。詳しい事情は伝わらないが、職員の留任は応用化学科との合併が条件とされたようだ。その後は講師として醸造学科で指導に当たり、昭和10年（1935）には日本醱酵研究所を設立して所長に就任、24年からは近畿大学理事を務めた。

3. 岩井喜一郎 (1883～1966　1902卒業　1934～61講師)「竹鶴ノート」を受け取った、第1回卒業生

　明治35年（1902）、大阪高工醸造科は第1回目の卒業生を世に送り出した。そのひとり岩井喜一郎は、同窓生の代表的存在として活躍した。大正7年（1918）には摂津酒造（大阪市住吉区）常務として竹鶴政孝をスコットランドに派遣し、ウイスキー国産化に先鞭を付けた。

　まず同窓生としては、明治43年の醸造会、大正12年の大阪醸造学会の設立に尽力し、昭和8～38年まで副会長を務めた。醸造科の存続が危ぶまれた昭和2年には、同窓会で決議した「大阪工業大学に醸造科を独立存置すべきの議」を携え陳情のため上京し、存続に寄与した。同6年に竣工した坪井記念館の建設委員となって、卒業生からの寄付集めに奔走し、「坪井記念館由来書」を揮毫している（33頁）。

　技術者としては、アルコール製造で名を残した。陸軍技手として赴任した宇治火薬製造廠では、麹の糖化による日本式アルコール製造法の基礎を確立し、明治42年には摂津酒精醸造所（摂津酒造の前身）に移り、1回の蒸留で95％の良質アルコールを精製する岩井式連続蒸留機を完成させた。その直後、より高性能なドイツ製蒸留機が輸入されたが、45年からは全国に先駆けて新式焼酎（焼酎甲類、連続式蒸留焼酎）の製造を開始した。昭和9年からは醸造学科講師として「酒精」を担当し、名講義との評判が高かったという。また自身の語るところでは、大正8年に売り出した「新春」が代用清酒の元祖だという。これが合成清酒の工業的大量生産の嚆矢だとされる。

　ウイスキー国産化への関わりはIV章を参照されたいが、岩井宛に提出された「竹鶴ノート」をもとに、昭和35年からウイスキー蒸留を開始した。娘婿・本坊蔵吉の本坊酒造が製造・販売する「マルスウイスキー」がそれである。1992年から蒸留を休止していたが、近年のハイボールブームを受け、2011年から蒸留を再開している。このような業績が評価され、2012年に「ウイスキーマガジン」が発表した「世界のウイスキー、100人のレジェンド」に、日本人では鳥井信治郎・竹鶴政孝・佐治敬三とともに選出された。

大阪帝大醸造学科時代の本坊蔵吉
（本坊蔵吉『卒寿記念』より）

本坊家7兄弟　昭和24年（1949）（本坊蔵吉『卒寿記念』より）

4．本坊蔵吉（1909～2003　1936卒業）焼酎ブームを牽引

　芋焼酎の本場鹿児島を代表する本坊グループは、本坊家七兄弟によってその基礎が築かれた。末弟の蔵吉は、昭和8年（1933）から大阪帝大工学部醸造学科に学び、卒業論文では蒸留機を研究した。本坊合名会社に入社以後は、グループの経営はもちろん、学理面からもその発展を支えた。

　本坊グループは、明治5年（1872）に蔵吉の祖父・郷右衛門が創業した製綿・製油の本坊商会に始まり、同31年の自家用焼酎製造禁止をきっかけに本格的な焼酎製造に乗り出した。昭和3年（1928）に七兄弟の出資による本坊合名会社に改組して以後、焼酎・その他の酒類、清涼飲料・食品の製造・販売・物流など、多角的なグループ企業への道を歩む。例えば「白波」の薩摩酒造、南九州コカ・コーラなどが傘下の企業である。

　グループの中核を担う本坊酒造は、鹿児島のメーカーのほとんどが中小の焼酎蔵であるのに対し、総合酒類メーカーとして各種の酒を製造した点が際立っている。合成清酒に始まり、ジン・ウォッカ・みりん・ワイン・ウイスキーなどの製造は蔵吉が手がけた。ここには学生時代の勉学と、岳父・岩井喜一郎との関係が活きている。昭和16年に開始した合成清酒製造や、ウイスキー蒸留には、岩井の指導を仰いだ。

　蔵吉が取締役を務めた薩摩酒造は、従来はあまり好ましくないイメージがあった芋焼酎の魅力に気づかせ、全国区にのし上げる牽引役となった。昭和30年代からCMをきっかけにしていち早く県外販売に乗り出し、50年代には「お湯割り白波」ブームを巻き起こした。

5．河内源一郎（かわち）（1883～1948　1908卒業）焼酎をハイカラにした男

　河内源一郎は、本格焼酎（焼酎乙類、単式蒸留焼酎）の種麹菌研究に半生を捧げ、焼酎製造の近代化に大きく貢献、昨今の焼酎ブームの礎を築いた。現在、本格焼酎のほとんどは、彼が発見した「河内菌」が元になる麹菌を使用している。

　明治41年（1908）に大阪高工醸造科を卒業した河内は、実家の福山の醤油屋が不振に陥ったため、大蔵省税務監督局技師となった。任地鹿児島の焼酎業者から腐造の悩みを幾度となく聞かされていた河内は、清酒と同じ寒冷地向きの黄麹を使用していることに疑問を持ち、亜熱帯の沖縄の泡盛に使用される麹菌に着目した。そして明治43年、品質に優れ、クエン酸を生成して腐敗菌を抑制する「泡盛黒麹菌」*Aspergillus awamori var kawachi*

河内源一郎（南日本新聞社提供）

河内源一郎『黒麹』（1927年）（河内源一郎商店提供）

の分離に成功する。同じ頃、醪の仕込が二段仕込み（一次に麹と水、二次に芋と水を加える）に改良され、黒麹菌の効果とともに、収量が約35％も増えたという。黄麹に比べ辛口の黒麹焼酎は「ハイカラ焼酎」と呼ばれ、徐々に浸透していった。

その後も研究を続けた河内は大正12年（1923）、黒麹菌から変異した白麹菌を発見する。黒麹よりもサツマイモの繊維分解力が強く、口当たりのやわらかい焼酎が得られたが、黒麹が普及を阻んだ。そこで昭和6年（1931）、種麹の研究と製造・販売に専念し、白麹を広めるべく、大蔵省を辞して鹿児島市清水町に河内源一郎商店を設立した。だが自らの勧めで白麹を扱い始めた県内の種麹屋を圧迫しないよう、販路は朝鮮・満州など外地に求めた。ちなみに現在でも、マッコリにはもっぱら白麹菌が使用されている。

河内は昭和24年に病没するが、その間際まで行住坐臥、麹菌を懐中で温めて培養していたという。日本で白麹菌が評価されたのは、死後4、5年程経過した後であった。きっかけは、大阪高工の後輩で当時、京大食糧科学研究所の北原覚雄が河内の研究の正しさを証明した報告であった（『醱酵工学雑誌』27-8）。白麹菌の学名が *Aspergillus kawachi*, Kitahara と名づけられた所以である。

6. 北原覚雄（1906～77 1926卒業）火落菌を解明

北原は大正15年の大阪高工醸造科卒業後、京大農学部の片桐研究室で学び、初めて乳酸菌の実験に携わった。当時すでに、清酒醸造の酒母、生酛を造るために乳酸菌が役立っている反面、腐造の原因も乳酸菌であることが知られていた。しかし、非常に重要な課題であることが認識されながら、さらに掘り下げる努力もされないまま1930年代に入っていた。この頃乳酸菌は大変取り扱いの難しい細菌とされていたためと考えられるが、片桐研究室で取り扱いに自信を得た北原は、生酛に現実に働いている菌種を明らかにしたいという野望を教授に申し入れる。後に、片桐・北原という複合名詞までつくられた乳酸菌研究のスタートである。昭和7年及び8年の冬、全国の税務監督局鑑定部（現国税庁鑑定官室）の協力を得て集められた"膨れ"期の生酛から分離した乳酸菌株が2種に限られており、1種は *Leuconostoc mesenteroides* という球菌であり、他の1種は新種の桿菌と考えられたことから *Lactobacillus sake* と命名した。

その後京大の食糧科学研究所教授時代に、球菌に続いて桿菌が現れ、"膨れ"期には両者が混在すること、生酛初期の6～7℃という低温環境がこれら2種の乳酸菌を選択的に増殖させており、温度制御が重要な意義を持つことを明らかにす

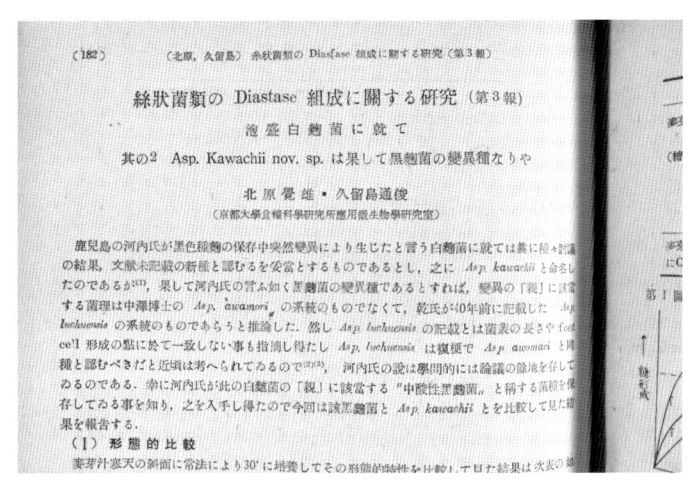

河内源一郎説を証明した北原論文（『醱酵工学雑誌』27-8、1949年）（大阪大学附属理工学図書館所蔵）

る。なお生酛から発見された桿菌は今日、Bergeysの分類書にはラテン語表記の Lactobacillus sakei として記載されている。

昭和28年、東京大学応用微生物研究所の教授に着任した北原は、最初の仕事として火落菌の本態究明にあたり、酒に生えて風味を損なう不思議な性質の細菌が、実はすべて乳酸菌であることを示した。また、清酒以外の培地に生えないことから真性火落菌と呼ばれていた菌を、2群に分けて Lactobacillus homohiochi 及び Lactobacillus hetero-hiochi と命名した。さらに、それ以外の火落性乳酸菌呼ばれていた菌群の菌種を個々に明らかにし、これらの乳酸菌が腐造の原因菌ともなることを示唆した。その成果は、後進による乳酸菌研究に引き継がれ、清酒の醸造と製造における微生物管理に大いに役立てられることになる。これらは北原の乳酸菌研究のごく一部であるにも関わらず、清酒醸造に関わる乳酸菌の全体にわたっていて、その貢献は大きい。

（溝口晴彦寄稿）

7. 江田鎌治郎（かまじろう）（1873〜1957　1933〜？講師）　速醸酛の発明者

江田鎌治郎は清酒醸造の近代化に多大な功績を残した一人である。新潟に生まれ、東京高等工業学校応用化学科を卒業、醸造試験所（現酒類総合研究所）に勤務した。そこで江田は明治42年(1909)、清酒醸造に画期的な技術「速醸酛」を開発した。

速醸酛とは、酒母（酛）造成において、乳酸菌による乳酸生成工程を省略し、乳酸の添加によって酒母製造日数を3分の1に短縮する方法である。酒母の良否は酒質の良否と深く関係し、酒母造りは古くから酒造りの基本と考えられ、優良酵母を純粋に増殖させることが重視されてきた。速醸酛は省力化のみならず、雑菌類の増殖抑制と淘汰、酒母の高純度保持にも有益とあって、現在の日本酒醸造の大半が採用している。

醸造試験所を退職した後は、関西に拠点を移した。昭和8年（1933）より大阪帝国大学工学部醸造学科の講師となり、翌年には灘の岩屋に江田醸造研究所を開いた。そこでは合成清酒の改良、四季醸造などの研究に取り組んだ。

昭和30年（1955）、醸造界での功績により紫綬褒章を受けた。これを機に大阪醸造学会へ贈った寄付金などを基金として、清酒醸造に関する学理および技術の進歩に貢献した人物へ授与する江田賞が制定された。昭和32年の第1回受賞者は、山邑酒造の蔭山公雄であった。

旧醸造試験所（東京・滝野川）

8．田中公一（1917卒業）アル添酒に初成功

　アル添酒、三増酒といえば、甘く没個性的な「偽物」の酒と揶揄され、伝統的な酒造りの見直しと個性的な純米酒・本醸造・吟醸酒を賞揚する昭和50年代の地酒ブームを招来した。アルコール添加法はその暗黒の前史の観があるが、時代状況に即した正当な評価が与えられて然るべきだろう。そのアルコール添加法の端緒を開いたのが、大阪高工醸造科出身の技師・田中公一であった。

　第二次世界大戦末期、食糧・物資不足にあえぐ日本政府は、酒造業界に燃料用アルコールの増産と、清酒の原料米を節減するアルコール添加法の開発を求めた。昭和14年（1939）、田中は満州千福醸造の青島工場において、初めて清酒醪にアルコールを添加する試験を行った。

　その後、満州国での開発が進み、17年には全国55ヶ所の清酒醸造場で試験醸造が実施され、19年には全国に行き渡った。終戦直後の闇市では粗悪な「カストリ」やメチルアルコールを加えた「バクダン」が出回る状況下、食糧需給と品質・安全面からアル添酒は貴重な存在だった。全国的に大腐造が起こった24年には、アルコール添加法が多くの酒造家の窮地を救い、左党の需要に一定度応えたことも事実である。

　その他、アル添酒が醸造の科学的管理、アルコールの品質向上、統制からの酒造業界自立をもたらした面も見逃せない。"甘口にあらざれば清酒にあらず"といわれた戦後の嗜好にもマッチしたが、経済成長につれて昔ながらの手づくりで淡麗な酒が求められるようになった。アルコール添加法は時代の要請によって誕生し、昭和50年代の吟醸酒をはじめとする地酒ブームを用意して、歴史的役割を終えたのである。

9．木暮保五郎（1898〜1990　1922卒業）灘の丹波流生酛を継承

　木暮保五郎は、大正11年（1922）に、灘の本嘉納商店（現菊正宗酒造）に入り、当時技師長であった阿部沢次郎の薫陶を受けた。しかし、激動の時期を迎えて、酒造技術者として種々の仕事を手掛けることになる。外地奉天、京城（戦前の呼称）に赴き、酒蔵建設、醸造と運営に携わるが、昭和

木暮保五郎を紹介した吉田健一『交友録』(1974年)

13年（1938）7月、阪神間の大水害に際して京城から呼び戻され、大きな被害を受けた酒造蔵の復旧のために陣頭指揮を執ることになる。

それ以降、戦後の再興期に至るまで、時局の要請から燃料アルコールやみかん酒の製造に従事しながらも、阿部が育ててきた丹波流生酛の伝統を継承して、その技術を灘酒の特徴として後代につなぐことに情熱を傾けた。酒造期には泊まり込みで蔵々を回り指導したため、蔵の数の多かった戦前には、いつ寝ているのかと思われるほどであったという。

33蔵あった酒造蔵も、神戸大空襲のためほとんどを焼失するが、昭和24年から復興に着手、鉄筋コンクリート造りの酒蔵の建設をすすめ、35年には嘉宝五番蔵の竣工を以て往時の9割近くまで回復させた。当時は、需要増大に対応するために各地で高層の酒造工場が建設され、昭和37年にそれらを特集して日本醸造協会誌増刊号が発刊されている。木暮もそこに「酒造工場設計の注意点」と題して、酒質や安全面の配慮などにこだわった実直さを偲ばせる一文を寄せている。このコンクリート蔵を、英文学者の吉田健一（吉田茂の長男）が訪ねており、以降木暮と親交を結んでいる。文士との出会いを綴った著書『交遊録』に意外にも、次のように紹介されている。「これからこゝで書く木暮保五郎さんが今日までは日本酒を醸造する技術の面でのおそらくは第一人者と呼んでいい人だからである。（中略）木暮さんの達人の風貌はやはりその一部がその仕事から来てゐる」。

戦後は酒造技術者の集まりである「灘酒研究会」の再建に努めたほか、級別審査員や業界団体の役員を長く務め、晩年には黄綬褒章を受章している。

（溝口晴彦寄稿）

10. 森 太郎 （1914〜2004　1937卒業）『灘の酒用語集』を編纂

美術商で食通の父のお供をしているうちに酒に興味を持ち、醸造学の道に進む。昭和12年（1937）卒業と同時に本嘉納商店（現菊正宗酒造）に入るが、17年には京城工場の技師となって終戦を迎え、大変な苦労をして本土に引き揚げる。その後、灘酒の伝統継承に力を注ぐかたわら、学理の解明にも尽力し、多数の研究論文を『醱酵工学雑誌』に投稿した。その対象は多岐にわたっているが、昭

『改訂　灘の酒用語集』(1997年)（溝口晴彦氏提供）

和35年には「清酒の蛋白混濁に関する研究」で大阪醸造学会第4回江田賞を、共同研究者の一人として受賞している。これにより「白ボケ」とよばれる現象が解明されて、「サエ」のよい酒の流通に大いに貢献した。また、昭和37年には「酒のリン成分について」の研究で大阪大学から工学博士の学位を授与されている。醱酵工学教室とも共同研究をよくし、昭和38年から日本醱酵工学会理事に就いて学会の発展に尽くした。

醸造においては、四季醸造蔵を新たに導入する一方、季節蔵では丹波流生酛を継承し、操作の意味を理論的に見直して、灘酒研究会刊行の『灘酒』をはじめ諸所で紹介している。また、瓶詰が当たり前になった時代に、樽酒を瓶詰にしてその味を伝えようと努めている。

後年は、酒造史の保存に力を尽くした。灘酒研究会から昭和54年に刊行された『灘の酒用語集』、さらに平成9年（1997）の『改訂　灘の酒用語集』は、清酒醸造の優れた解説書として評価を得ているが、それぞれに執筆編集に携わり編纂事業を牽引してきた。また、日本酒造史研究会（後の酒造史学会）が設立された折には、関西における推進役の一人となった。酒造史の研究発表も多く、明治時代の丹波杜氏の組合が筆記した「醸酒法講習会」の復刻、解説を行っている。平成9年に放送されたNHKの朝ドラ「甘辛しゃん」では技術指導を依頼されたが、灘酒に対する造詣の深さゆえであろう。

（溝口晴彦寄稿）

11. 花岡正庸（まさつね）（1883〜1953　1907卒業）　秋田吟醸酒の父

1980年代の地酒ブームで、各地の吟醸酒がもてはやされた。吟醸酒の歴史は古く、地方の酒蔵が灘に対抗すべく、明治末から昭和初期にかけて全国清酒品評会（日本醸造協会主催、隔年開催）に向けて特別に製造された。広島の三浦仙三郎、熊本の野白金一など、上位入賞を果たした地域には「吟醸酒の神様」と呼ばれる優れた指導者がいた。秋田の花岡正庸は、それまで地元で消費されるに過ぎなかった秋田酒を全国区に押し上げた。

現行の酒税法では吟醸酒は特定名称の清酒とされ、精米歩合60％以下の白米（玄米の重量から60％以下になるまで精米）を使用したものをいう。だが花岡の定義では「一口に言えば、芳香醇味である酒の事である。別の言葉で言えば、吟醸香が強く高くあり吟醸味が豊かに含まれている。これを飲めば爽かで旨く、飲めば飲むほど飲心をそそられ、いやが上にも飲みたくなって、ほがらかに酔うものを言うのである。原料の粋をつくし技術の最高を以てして、はじめてできる最高級の醇良酒である。」（『醱酵工学雑誌』30-10、1952年）。彼が追求したのはこういう酒だった。

花岡は長野の造り酒屋に生まれ、明治40年

花岡正庸（『花岡先生を偲ぶ』より
秋田銘醸提供）

(1907) に大阪高工醸造科を卒業後、家業に励んだ。しかし4年後、火災で酒庫と住宅を失い、技術者の道を歩み始める。大正2年(1913)、丸亀税務監督局鑑定部の技師となり、早くも頭角を現す。四国で大腐造が起こった大正5年、担当する酒蔵では一本も腐造を出さなかった。時に自腹を切ってでも駆けつけたという細やかな指導で、未然に防ぐ措置を講じたためである。同部が発行した『実験清酒醸造法講義』(1917)は平易で評判だったが、同僚の言によれば花岡が委嘱され執筆したものだった。酒母の早湧きへの対処法として硝酸塩の投入を発見し、花岡は後に「酒母育成中における硝酸塩の意義」で大阪醸造学会創立30周年記念大会の学会賞を受賞している。もう一つの対処法、乳酸応用速醸酛では低温仕込を主張、醸造試験所の方針と対立し、開発者の江田鎌治郎との論争に及んだ。結果は昭和に入り低温仕込が普及、秋田吟醸酒にも応用された。

大正7年に仙台税務監督局へ異動し、東北6県の指導に当たったが、周囲には秋田に将来性を感じると語っていた。京都以東で初めて全国清酒品評会の優等賞を獲得した「両関」をはじめ、酒造家は気心よく仕事熱心でやりがいがあるからだという。大正10年には県外への販売目的で複数の酒造家が設立した秋田銘醸の顧問となり、14年には大蔵省を退官して秋田県専任技師に就任、昭和6年に発足した秋田県醸造試験場初代場長に迎えられた。その間、花岡の指導を受けた県内の酒蔵が全国清酒品評会で立て続けに上位に入り、第14回(1934年)では「太平山」を筆頭に10位中8銘柄を秋田酒が占めた。翌年には秋田銘醸の「爛漫」の販売量が1万石近くに上った。秋田は一躍、名醸地として全国に知られることとなった。

花岡がまず着手したのは、飯米と同程度の精米歩合で仕込んでいた米質の改良と精米度の向上であった。気候風土に適した多収性の酒造好適米の育成を図り、「亀の尾」から新品種「酒系四号」を開発・普及させた。大正9年には能代の渡辺醸造部において、精米機30回掛けで約70%という、これまでにない高精白歩合の米で仕込む実験を行った。同僚の長沼篤次は「その製成された酒質は、色相は非常に淡麗で、甘いこと天下一品、恐らく清酒メートルでマイナスの十五度以上はあったろうか、誰れもが今までに見たことのない風格のものが出来たわけだ」と回想している。またヌクミ取りを廃した画期的な酒母育成法を提唱して、全国的に採用された。特に秋田では低温長期発酵を推奨し、ふくよかな吟醸香を生み出すもと

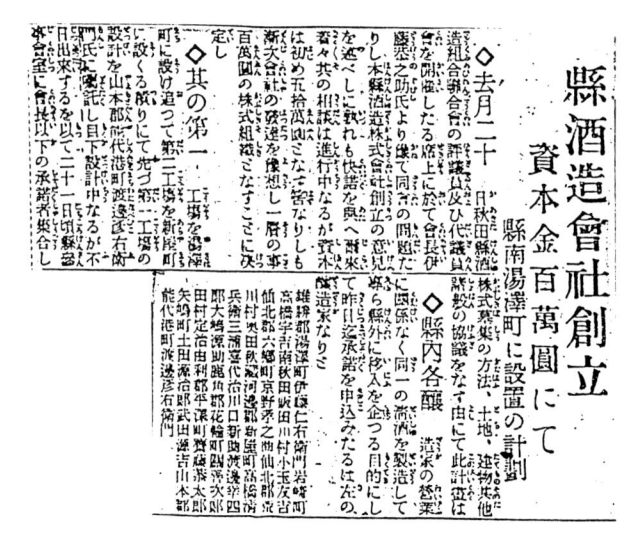

秋田銘醸設立を伝える『秋田新報』(『らんまん七十年の歩み』より　秋田銘醸提供)

となった。この秋田式酒母育成法のほか、秋田式甑、秋田式麹蓋、重量換算仕込法などを開発した。

　花岡は秋田酒の普及にも熱意を燃やした。当初は県内の有名旅館・料亭が県産酒を出さないことに不満を持ち、常宿の「石橋ダルマ館」に対しては説得を重ね、伊藤隆三（両関）・小玉確治（太平山）ら若手酒造家が同席した秋田市内の料亭では、玄関先に積み上がった灘酒の化粧菰樽を蹴り倒したとの逸話も残る。秋田銘醸には設立から携わり、昭和6年に秋田市で開催された全国酒造大会では、秋田酒小唄「秋田自慢」を自ら作詩・披露した。秋田銘醸や醸造試験場主催の講習会開催や山内杜氏養成組合の結成を主導するなど、技術者育成にも力を注いだ。

　「美酒王国秋田」を築いた最大の功労者は、花岡に他ならない。それを醸造学の権威・坂口謹一郎は、弔歌に込めてこう評している。

　　うま酒は低き温度にそむへしとうまずをしへし君はいまさず
　　みちのくの秋田の酒は君によりてひとに知られし酒になりしとふを

12. 佐藤卯三郎 （1895〜1947　1916卒業）　吟醸酒を研究・実践

　花岡正庸の指導を実践していち早く吟醸酒づくりを追究し、秋田酒の品質向上に大きく貢献したのが、新政酒造（秋田市大町）5代目佐藤卯兵衛こと佐藤卯三郎である。

　幼いころから頭脳明晰で神童と呼ばれた卯三郎は、秋田酒の近代化の期待を背負い、大阪高工醸造科に入学した（34頁）。同期卒業の竹鶴政孝（Ⅳ章参照）とは「西の竹鶴、東の卯兵衛」と並び称されるほど、成績優秀だったという。

　卒業後は家業に従事し、醸造主任として新技術の導入に邁進した。特に原料米の精選と精米にこだわった。県内で良質な仙北郡産米や、備前米「雄町」・播州米「山田錦」といった高価な酒造好適米を取り寄せ、最新型の精米機を使って当時としては例のない精米歩合6〜5割という高度精米技術を発案・実行した。醸造期間中は精米工程の品温管理、麹・酒母・醪製造工程の品温・成分変化などを詳細に経過表に記録し、酒造期終了後はデータを整理・検討するという研究熱心さであった。それを示す話題には事欠かず、麹室に寝泊まりして体にしらみがついた、あるいは花岡の指導を受け、醪の段階から完成後の味を予測できるまでになったという。

　卯三郎のつくる吟醸酒は、当時まれにみる華々

戦前の新政酒造（新政酒造提供）

しい芳香を放ち、全国的にも評価された。大正13年（1924）、第9回全国清酒品評会での優等賞を皮切りに、第11回より3回連続優等賞、昭和7年（1932）第13回で名誉賞、全国新酒鑑評会（大蔵省醸造試験所主催、毎年開催）でも昭和16・17年に連続1位を獲得した。

この栄誉は蔵付き酵母の働きによるところも大きい。新政酵母は華々しい吟醸香と低生酸性・低温発酵性を備え、花岡の提唱する長期低温発酵方式を現実のものとした。昭和5年、新政酵母は醸造試験所技師の小穴富司雄によって分離され、「きょうかい6号酵母」として同10年から日本醸造協会より頒布されるようになる。翌年には出荷数量が28％も増え、同15年には6号酵母のみの供給（1〜5号は頒布中止）となり、全国の酒蔵を席巻した。現在でも「発酵力が強く、香りはやや低くまろやか、淡麗な酒質に最適」との触れ込みで販売が続けられている、最古の「きょうかい酵母」である。DNA解析の結果、協会酵母7・9・10号は6号と共通の先祖を持つことが明らかにされた。6号は実質、協会酵母の起源といえる。

卯三郎は県内の技術者育成にも努め、酒造家の子弟・従業員への技術指導、山内杜氏の後継者養成と技術向上にも花岡とともに貢献したが、昭和22年に没した。同じ頃、蔵は大火に遭い、新政は存続の危機を迎えたが、何とか復興を遂げた。現在では新政酵母で全ての酒を仕込み、昭和初期の6号酵母原株などを凍結保存する「六号酵母ライブラリー」を保有するなど、吟醸酒の原点を伝えている。

13. 小穴富司雄（おあなふじお）（1898〜1974　1919卒業）最古の「きょうかい酵母」を分離

小穴富司雄は「きょうかい6号酵母」を分離した醸造試験所の技術者で、全国各地の酒蔵を指導したほか、酒造技術書を多数執筆した理論家でもある。

醸造試験所（現酒類総合研究所）は明治37年（1904）に東京の滝野川に設立された、大蔵省所管の酒造技術研究機関である。醸造業の安定と醸造技術の科学的向上・発展を目的とし、酵母・麹菌など微生物の研究、全国新酒鑑評会の主催などを行った。大正元年には傘下の日本醸造協会から、全国の酒蔵から採取した優良酵母を培養した「きょうかい酵母」の頒布を開始した。戦前、1号（灘・桜正宗）、2号（伏見・月桂冠）、3号（広島・酔心）、4号（広島・不明）、5号（広島・賀茂鶴）、6号（秋田・新政）の各酵母が頒布された。実地指導を担当した小穴は、4〜6号の分離に携わっている。

6号酵母の分離・育成は、大阪高工醸造科の人脈によって実現した。昭和5年（1930）冬、佐藤卯三郎の新政の醪から小穴が分離し、数株の純粋培養を経て特に香気が優秀で発酵力の強いものをAR号として発酵試験を繰り返した。全国各地の実地醸造で好結果を得て、最終実験を小玉合名会

Ⅴ　大阪高工醸造科スピリッツ

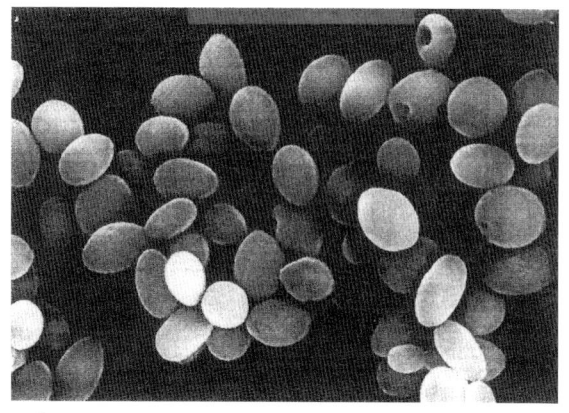

「きょうかい6号」酵母の顕微鏡写真（新政酒造提供）

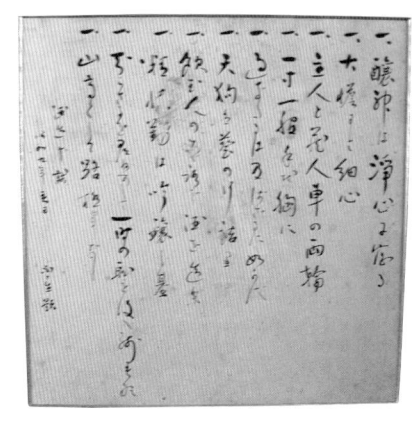

小穴富司雄が贈った『酒造十戒』 昭和9年（1934）（小玉醸造提供）

社の小玉確治と行った。新政酵母仕込の「太平山」は昭和9年の全国清酒品評会で首席優等賞となり、頒布に踏み切ることになる。この背後に、同7年から秋田県醸造試験場初代場長となっていた花岡正庸の援助があった。なお昭和9年の実験の際に小玉醸造に与えた「酒造十戒」からは、小穴の酒づくりに向かう姿勢がうかがえる。

昭和27年からは宝酒造で、ビール工場長や研究所長を務めた。寡占状態のビール市場への挑戦という重責を担ったが、撤退を余儀なくされるという苦杯も味わった。

著作では戦前の酒造技術の集大成ともいえる『理論と実際　清酒醸造精義』（1935）をはじめ、『最新酒精製造法』（1912）、『経済と吟醸酒　酒造要訣』（1951）などがある。

14. 小玉確治（？～？　1914卒業）冷酒の先覚者
　　小玉健吉（？～2005　1942年卒業）酵母研究の権威

　「酒は天下の太平山」を謳い文句とする秋田の小玉醸造。その技術面を長らくを支えてきたのが、大阪高工醸造科の流れを汲む教室で学んだ確治と健吉であった。

　醤油醸造から出発した小玉合名会社は大正2年に酒造部を設け、醸造科を卒業後に大蔵省醸造試験所研究生を1年経験した確治を主任に据えた。確治は最新の醸造学に基づく新技術により品質向上に努めた。昭和8年（1933）には坪井仙太郎のゼミで学んだ論文をヒントに、燗のいらない酒「冷琅太平山」を製造し、東京帝国ホテルで試飲会を催していち早く普及に努めた。翌年には全国清酒品評会で「太平山」が首席優等賞を獲得し、東京市場進出の橋頭堡を築いた。

　戦時の経済統制下では昭和17年、大成酒造として東北初の合成清酒製造工場を建設し、軍用燃料アルコールやウイスキー製造にも着手した。「ラッキーウィスキー」はポットスチルと樫樽を用いた本格的モルトウイスキーだったが、戦後は酒類の生産拡大にともない清酒に専念することになった。確治は昭和22年に秋田県北酒造協会会長に就任し、県内酒造家の吟醸酒を集めた「秋田吟醸酒」の銘柄での販売を実現した。県全体での統一銘柄による販売事業は、全国初の試みであった。

　確治の後を承けて酒類部門を担当したのが、甥の健吉（社長友吉の末子）であった。健吉は酵母研究の世界的権威として知られ、自宅に開いた小玉醸造株研究室の微生物サンプルは世界有数を誇った。世界遺産の白神山地から「白神こだま酵母」を発見・分離し、天然酵母を用いたビールやパンの開発にも携わった。昭和34年には「産膜酵母菌に関する研究」で、大阪醸造学会の第1回学会賞を受賞している。

　一方、家業については、戦後間もないころに「秋

古川式酒母育成器の広告　昭和初期（古川寛氏所蔵）

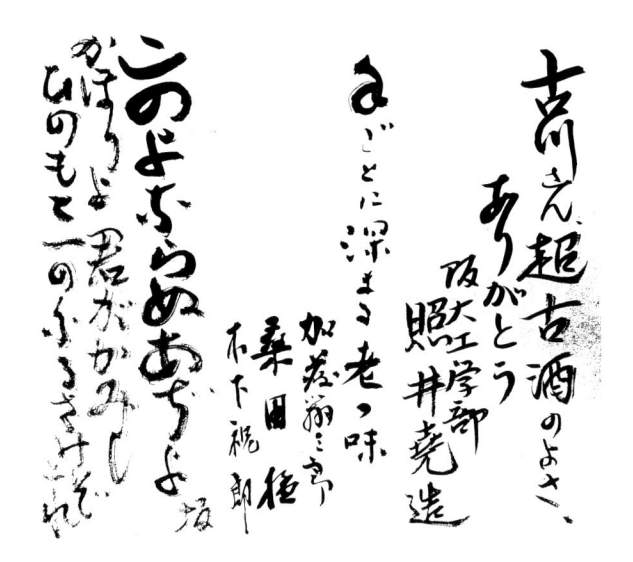

坂口謹一郎（左端）、阪大工学部醗酵工学科教授・照井堯造（右端）などから古川董に贈られた賛歌（木戸泉酒造提供）

田流生もと造り」を開発している。山廃や速醸酛が開発される以前は、酛摺という工程を経る生酛づくりが主流で、濃厚な酒質が得られるとして近年は見直しが進んでいる。「秋田流生もと造り」は、へらを付けたドリルを用いて強制的にハードな櫂入れを施す独特のもので、既に秋田の伝統とまでいわれている。

15. 古川　董 (1900～89　1922卒業)　濃厚多酸酒と古酒を追求

　淡麗な吟醸とは真逆をいく濃厚多酸酒。日本酒には珍しい古酒。「酒の神様」坂口謹一郎も一目置いた特異な酒造りを続ける木戸泉酒造（いすみ市）で、技術顧問として指導に当たったのが古川董である。

　九十九里浜の地主の長男として生まれた古川は、醤油業を始めんとする父親の意向により大正8年（1919）、大阪高工醸造科へ進学した。しかし在学中、同級生の安達源一（のち源右衛門を襲名）の実家住乃井酒造（長岡市）を訪れてからすっかり酒造に魅せられ、酒造技術者として身を立てようと決心したという。

　卒業後は熊本税務監督局、東京局に勤めた。そこで古川は昭和式酒母育成法を開発し、酒母育成器を世に送り出している。これは酵素液を利用して米を溶解する汲掛法とも呼ばれ、昭和7年、上司の鹿又親は、酛摺を要しない新式酒母（山廃、速醸など）で生酛の酒質に近づけるものとして、「櫂で潰すな麹で溶せ」の標語を付して紹介している。この発明により昭和15年（1940）に日本発明協会から銅賞、日本醸友会から第1回技術功労賞を授与された。

　昭和7年、千葉県工業試験場長に迎えられ、17年から海軍軍需局嘱託として航空糧食の製造に従事した。戦後は農地解放で生活の基盤を失うなど苦難があったが、昭和20年代末から安達に説得され、岩瀬酒造・木戸泉酒造の技術顧問として再び酒造に従事する。

　硬度12～13の硬水を仕込水に使う岩瀬酒造では、「硬水で硬水らしからぬ酒」を開発した。木戸泉酒造では、安達が発案した高温山廃酛を研究し、昭和31酒造年度から全ての醪に採用した。この年を自ら「第二の人生の門出」と評し、三増酒全盛の時代にあって、従来の技術を踏まえた新技術開拓、独創的な日本酒づくりの追求を始めた。

　その結果、米が糖化する最適温度である55℃の

実験室の長谷川勘三（『一粒の力　ヤヱガキ330年史』より）

自動製麹機製作（『一粒の力　ヤヱガキ330年史』より）

高温で、通常の初添・仲添・留添の三段仕込ではなく一段で醪を仕込み、天然の乳酸菌を投入する独特の製法にたどり着き、アルコール度数17〜18％、日本酒度−30（全国平均−0.2）、酸度5〜7（同1.4）の濃厚多酸酒「アフス」を産み出した。ちなみに「アフス」とは、安達（住乃井）のA、古川のF、蔵元・荘司勇のSから名付けられたものである。

16. 長谷川勘三 （1918〜91　1942卒業　1942〜45助手）醸造機械から伝統回帰へ

　清酒醸造の近代化は、腐造対策としての火落菌研究など科学的知識を基礎とした。それに加えて、蔵人の過酷な作業を軽減し、経験と勘に頼る不安定さを補う醸造機械の果たした役割も見落とせない。昭和40年代を中心に、業界を席巻した「長谷川式」醸造機械を発明・販売したのが長谷川勘三であった。

　長谷川は昭和17年（1942）大阪帝大工学部醸造学科を卒業後、同助手を勤め、航空燃料用アルコール製造に従事した。敗戦後は大都市の食糧不足と体調の不安から20年9月に辞職し、元禄3年（1690）以来の造り酒屋である播州林田（姫路市）の実家に戻る。そこで長谷川は工場の設計、設備の開発、酒類の多角化などに精力的に取り組み、昭和38年に改組したヤヱガキ酒造の代表取締役社長に就任した。長谷川が自社用として独自に開発した機械は、昭和30〜38年に『醸造協会雑誌』で6回にわたり紹介され、合理的な酒蔵として全国各地の酒造会社から見学が殺到した。そこで40年から外販を開始し、もろみ自動搾り装置だけでも累計約700台を販売、46年には1億5,000万円以上の売り上げを記録した。現場発想から生まれ、業界の大半を占める中小メーカーに適した小規模・低価格・操作性がヒットの要因だった。

　一方で当時、酒造業界は例に漏れず公害問題を抱えていた。焼酎甲類の原料や清酒の添加用として使用する原料アルコールを製造する際、黒く濃い廃液が発生するが、その対策として46年に国内初の粗留アルコール製造を実現している。

　このように多角化・合理化に邁進してきた長谷川だったが、40年代後半、手造り・品質主義の清酒醸造に舵を切った。アルコールや糖を外から加えるアル添酒や三増酒が支配的ななかで、本来の日本酒の味を取り戻そうと、かつては酸が多く濃い辛口だった「八重墻（やえがき）」の蓋麹法と山廃造りを復活させた。この原点回帰は後戻りを意味するのでなく、多彩な個性が求められる新たな時代を見据えた挑戦であった。48年には純粋日本酒協会、50年には全国本醸造清酒協会を発足させ、1990年代にピークを迎える「地酒ブーム」を牽引した。

　長谷川のパイオニア精神を受け継ぐヤヱガキ酒造の経営理念は、「人のやらないことをやる」となっている。

【参考文献】

〈全体にかかわるもの〉
　秋山裕一『酒づくりのはなし』技報堂出版、1983
　秋山裕一『日本酒』岩波新書、1994
　大阪大学工学部醸造・醗酵・応用生物工学科『百年誌』、1996
　加藤百一『酒は諸白』平凡社、1989
　坂口謹一郎『日本の酒』岩波文庫、2007、初版1964
　坂口謹一郎監修・加藤辨三郎編『日本の酒の歴史』研成社、1977
　酒類総合研究所『うまい酒の科学』ソフトバンククリエイティブ、2007
　原昌道編集代表『改訂灘の酒用語集』灘酒研究会、1997
　『アサヒビールの120年』アサヒビール、2010
　『日々に新たに—サントリー百年誌』サントリー、1999

〈Ⅰ章〉
　小野晃嗣『日本産業発達史の研究』法政大学出版局、1981
　小野晃嗣『日本中世商業史の研究』法政大学出版局、1989
　小野正敏・五味文彦・萩原三雄編『宴の中世』高志書院、2008
　桜井英治『日本の歴史12　室町人の精神』講談社学術文庫、2009、初版2001
　清水克行『室町社会の騒擾と秩序』吉川弘文館、2004
　春田直紀「モノからみた15世紀の社会」『日本史研究』546、2008
　盛本昌広『贈答と宴会の中世』吉川弘文館、2008
　和歌森太郎『酒が語る日本史』河出文庫、1987、初版1971

〈Ⅱ章〉
　石川道子「近世灘の江戸積み酒造業」神戸市文書館HP
　伊丹市立博物館編『伊丹酒造家史料』（下）伊丹資料叢書8、伊丹市、1992
　伊丹市立博物館編『新・伊丹史話』伊丹市立博物館、1994
　小西酒造編『伊丹酒造業と小西家』小西酒造、1993
　小西酒造株式会社編『伊丹歴史探訪』小西酒造、2000
　美光プランニング編『白雪の明治・大正・昭和前期』小西酒造、1995
　柚木学『近世海運史の研究』法政大学出版局、1979
　柚木学『酒造りの歴史〔新装版〕』雄山閣、2005
　米井宗治編『伊丹酒造組合史』伊丹酒造組合、1969
　『新修池田市史』2、池田市、1999
　『伊丹市史』2、伊丹市、1969
　『新修神戸市史』歴史編3近世、神戸市、1992

〈Ⅲ章〉
　稲垣眞美『日本のビール』中公新書、1978
　邦光史郎『やってみなはれ』集英社文庫、1991、初版1989
　吹田市立博物館『ビールが村にやってきた！』2008
　杉森久秀『美酒一代　鳥井信治郎伝』新潮文庫、1986、初版1983
　細野史郎『食養論　漢方からみた食養論』聖光園細野診療所、1973
　山口瞳・開高健『やってみなはれ　みとくんなはれ』新潮文庫、2003、初版1969

〈Ⅳ章〉
　生島淳『シリーズ情熱の日本経営史⑥飲料業界のパイオニア・スピリット』芙蓉書房、2009
　梅棹忠夫・開高健監修『ウイスキー博物館』講談社、1979
　川又一英『ヒゲのウヰスキー誕生す』アサヒビール、2011（非売品）、初版1982
　佐治敬三『へんこつ　なんこつ』日経ビジネス人文庫、2000、初版1994
　竹鶴政孝『ウイスキーと私』ニッカウヰスキー、1972（非売品）
　『島本町史』本文編、島本町、1975

〈Ⅴ章〉
　秋田県酒造組合『秋田県酒造史』資料編・技術編・本編、1970・80・88
　朝日新聞社『新・人国記』10、朝日新聞社、1986
　池見元宏「秋田の酒造技術の歩み」『日本醸造協会雑誌』79-11、1984
　稲垣眞美『日本の名酒』新潮選書、1984
　稲垣眞美『現代焼酎考』岩波新書、1985
　小穴富司雄「酒造り100年」『日本醸造協会雑誌』63-9、1968
　大宮信光「「白麹菌」の発見者　河内源一郎」『FUJITSU飛翔』44、2001
　大本幸子『いも焼酎の人びと』世界文化社、2001年
　鹿児島県本格焼酎技術研究会『鹿児島の本格焼酎』醸界タイムス社、2004
　鹿又親「櫂で潰すな麹で溶せ」『日本醸造協会雑誌』27-7、1932
　鎌田毅『酒販昭和史』酒販昭和史刊行委員会、1985
　鎌谷親善「近代醸造技術教育の一断面—坪井仙太郎と大阪高等工業学校醸造科—」『酒史研究』1、1984
　北原覚雄編『乳酸菌の研究』東京大学出版会、1966
　小森咸吉「酒造の思い出」（其六）『日本醸造協会雑誌』46-4、1951
　坂口謹一郎ほか「醸造試験所の75年を回顧して」『日本醸造協会雑誌』74-9、1979
　佐藤祐輔「秋田の生んだ生物遺産「きょうかい6号」の可能性を探る」『成形加工』24-4、2012
　篠田次郎『吟醸酒の来た道』中公文庫、1999、初版1995
　芝崎勲「日本生物工学会の80年を顧みて」『生物工学会誌』80-9、2002
　竹田正久『清酒酵母の特性と生態』東京農業大学出版会、1996
　照井堯造「故西脇安吉顧問」『醗酵工学雑誌』44-3、1966年
　藤井益二編『花岡先生を偲ぶ』秋田県酒造組合・秋田醸友会、1995復刻、初版1954
　古川菫「昭和式酒母育成法に就て」『日本醸造協会雑誌』27-8、1932
　古川菫「私の歩んだ道」『日本醸造協会雑誌』72-4、1977
　本坊蔵吉『卒寿記念』1999
　吉田健一『交遊録』講談社文芸文庫、2011、初版1974
　『蔵』33、小玉醸造株式会社、2007
　「技師告知板」『醸界タイムス』1955.8.3
　『醸造試験所七十年史』国税庁醸造試験所、1974
　『日本醸造協会七十年史』日本醸造協会、1975
　『日本生物工学会80年史』日本生物工学会、2003
　『一粒の力　ヤヱガキ330年史』ヤヱガキ酒造、1996
　De Vos P., Garrity, G. Jones, D., Krieg, N. R., Ludwig, W., Rainey, F. A., Schleifer, K., & Whitman, W. B.: Bergey's manual of systematic bacteriology, vol. 3, Springer, New York（2009）.

編著

　松永和浩（大阪大学総合学術博物館助教）

執筆者（執筆順）

　高橋照彦（大阪大学大学院文学研究科准教授）
　芳澤　元（大阪大学大学院文学研究科博士後期課程）
　久野　洋（大阪大学大学院文学研究科博士後期課程）
　本井優太郎（大阪大学大学院文学研究科博士後期課程）
　伊藤　謙（大阪大学総合学術博物館研究支援推進員）

協力者一覧（個人・団体、各五十音順）

今井修平　卜部　格　大嶋泰治　大橋哲郎　田中光彦　袴田　舞　原島　俊　藤井讓治　古川　寛　溝口晴彦　秋田銘醸株式会社　アサヒビール株式会社　天野山金剛寺　新政酒造株式会社　池田市教育委員会　池田市立歴史民俗資料館　伊佐市教育委員会　伊丹市立博物館　大阪大学アーカイブズ　大阪大学大学院工学研究科　大阪大学附属理工学図書館　懐徳堂記念会　株式会社河内源一郎商店　北野天満宮　木戸泉酒造株式会社　京都市考古資料館　ケンショク「食」資料室　郡山八幡神社　小玉醸造株式会社　サントリーホールディングス株式会社　集雅堂株式会社　尚醸会　宝酒造株式会社　中尾松泉堂書店　奈良文化財研究所　ニッカウヰスキー株式会社　日東薬品工業株式会社　日本生物工学会　本坊酒造株式会社　南日本新聞社　ヤヱガキ酒造株式会社

大阪大学総合学術博物館叢書　8

ものづくり　上方"酒"ばなし
―先駆・革新の系譜と大阪高等工業学校醸造科―

2012年10月26日　初版第1刷発行　　［検印廃止］

　監　修　大阪大学総合学術博物館
　　　　　代表　橋爪節也

　編　著　松永和浩

　発行所　大阪大学出版会
　　　　　代表者　三成賢次
　　〒565-0871　大阪府吹田市山田丘2-7
　　　　　　　　大阪大学ウエストフロント
　　電話　06-6877-1614
　　FAX　06-6877-1617
　　URL　http://www.osaka-up.or.jp
　印刷・製本　亜細亜印刷株式会社

©The museum of Osaka University　2012　Printed in Japan
ISBN978-4-87259-218-4　C1321

R〈日本複製権センター委託出版物〉

本書を無断で複写複製（コピー）することは、著作権法上の例外を除き、禁じられています。本書をコピーされる場合は、事前に日本複製権センター（JRRC）の承諾を受けてください。

JRRC〈http://www.jrrc.or.jp　eメール：info@jrrc.or.jp　電話03-3401-2382〉

大阪大学総合学術博物館叢書について

大阪大学総合学術博物館は、二〇〇二年に設立されました。設置目的のひとつに、学内各部局に収集・保管されている標本資料類の一元的な保管整理と、その再活用が挙げられています。本叢書は、その目的にそって、データベース化や整理、再活用をすすめた学内標本資料類の公開と、それに基づく学内外の研究者の研究成果の公表のために刊行するものです。本叢書の出版が、阪大所蔵資料の学術的価値の向上に寄与することを願っています。

大阪大学総合学術博物館

大阪大学総合学術博物館叢書・既刊［A4判　1〜3・6　定価二二〇〇円　4・5・7　定価二五二〇円］

◆1　扇のなかの中世都市──光円寺所蔵「月次風俗図扇面流し屏風」泉　万里

◆2　武家屋敷の春と秋──萬徳寺所蔵「武家邸内図屏風」泉　万里

◆3　城下町大坂──絵図・地図からみた武士の姿──鳴海邦匡・大澤研一・小林茂　編集

◆4　映画「大大阪観光」の世界──昭和12年のモダン都市──橋爪節也

◆5　巨大絶滅動物　マチカネワニ化石　恐竜時代を生き延びた日本のワニたち　小林快次・江口太郎

◆6　東洋のマンチェスターから「大大阪」へ　経済でたどる近代大阪のあゆみ　阿部武司・沢井　実

◆7　森野旧薬園と松山本草──薬草のタイムカプセル　高橋京子・森野燾子